月背 CHINA 征途

中国探月国家队记录人类
首次登陆月球背面全过程

北京航天飞行控制中心　著

北京科学技术出版社

推荐序

从古至今，人类举头望月，传颂动人神话，谱写优美诗篇，却极少有人意识到，亿万年来，月亮的"图案"从未变化，人们总是只能看到它的一面。地球引力使月球绕地球一圈的公转周期完全等于月球自转周期，所以从地球上就只能看到它固定朝向地球的一面，我们把月球背向地球的一面称为"月球背面"。

今天，科学家们可以用激光精确测量地月距离和监测月面情况，普通天文爱好者也可以用望远镜了解月球正面的每一片月海和每一座环形山。但是在"嫦娥四号"探月之前，人类的探测器还从未成功在月球背面着陆。原因也很简单，地面与月球背面不能直接建立通信测控链路。

2019年1月11日，在北京航天飞行控制中心（飞控中心）大厅里，我国探月工程的有关领导、专家和广大科技人员共同见证了"嫦娥四号"和"玉兔二号""两器互拍"顺利完成，这标志着"嫦娥四号"任务取得圆满成功，我国成为世界上首个成功实施月球背面软着陆和巡视探测的国家。人类开启了探索月球背面的新纪元！

这是一次前无古人的科学探险。月背探测是中国航天的首个世界第一，它具有巨大的科学和工程意义，是人类航天史上的重大突破。"玉兔二号"凝聚着中国航天人的勇气和智慧，像一位孤胆英雄，面对未知的风险与挑战，勇敢进发，努力探索。得益于飞控中心驾驶员团队的悉心照料与陪伴，"玉兔二号"已经突破了人类月面巡视器生存时间的最长世界纪录。"玉兔二号"探测到了冯·卡门撞击坑的地下结构、探测到了月球背面的最低温等，取得了一系列科学成果，为人类揭开了月背的神秘面纱，不断刷新中国人进军太空的纪录。

这是一项突破自我的大胆尝试。在人们的印象中，中国航天人总是讷于言、敏于行；干惊天动地事、做隐姓埋名人，这是他们的真实写照。随着中国航天事业的不断发展，时代要求中国航天人不仅要成为人类航天史的创造者，还要成为航天历史的书写者。欣闻飞控中心要出版《月背征途》，介绍中国探月的相关科普知识，分享驾驶"玉兔二号"探测月背的精彩故事，我感到很有意义、很有价值、很有必要，由衷地为他们的勇气和智慧点赞、喝彩。

这是一本记录挑战过程的科普佳作。身心系于天外，真情凝于笔端。翻开书稿，犹如打开一扇"时空之窗"，忠实记录月背探测之旅的画卷在眼前徐徐展开，我们能够循着"玉兔二号"的足迹，跟随驾驶员团队，直面月背的孤寂与神秘，体味探索的艰辛与乐趣。通过这本书，我们能够清晰看到中国探月的来龙去脉，透彻理解很多"高冷"的专有名词和科普知识，更让人记忆深刻的是探月团队克服的一个又一个困难、完成的一个又一个任务、刷新的一个又一个纪录，以及这期间发生的感人的故事、留下的难忘记忆，所有这些共同组成了"玉兔二号"漫步月背的非凡历程。

唯有真实打动人，最是梦想激励人。本书完稿之际，我国首个火星探测器"天问一号"已飞离地球6569万千米，中国航天人的目光也随之投向深空。我由衷期盼这本书能引领读者走近探月、走近航天，滋润心中科学的幼苗，点燃胸中追梦的火焰，更希望年轻的读者能够沿着这一代航天人的足迹，不惧孤寂、保持好奇，去探索火星、去探索木星，不断追逐心中的星辰大海。

中国工程院院士、中国探月工程总设计师 吴伟仁

目 录

第2章 月面开车：驾驶员的修炼

第3章 通往月之暗面：登月准备

第5章 月背征途："玉兔二号"驾驶日记

导　言

离2007年"嫦娥一号"发射已经过去13年了，真正促使我们写这本书的却是"玉兔二号"在月球背面的软着陆，这是一个开创人类历史新纪元的事件。作为10多年探月历程的亲历者，大家都有这样一种冲动，就是一定要把这10多年的历程写出来。一位航天老专家曾经对我说，要把航天飞控由技术变成"艺术"。他所说的"艺术"是指要把航天器的飞行控制做得出神入化，而我们现在要做的是把"艺术"变成文学，让更多的人走近中国航天飞控中心，了解中国探月工程。

中国的探月计划在2000年写入了《中国的航天》白皮书，按照"绕、落、回"的"三步走"战略实施。"绕"的目标是发射环月探测器，对地月转移轨道设计及月球捕获控制技术进行验证，同时对月球表面进行拍照详查，为后续降落月面做好准备。"落"的目标是使用着陆器在月球表面实现软着陆，释放月球车，进行月球表面遥操作和巡视勘测。"回"的目标是采集月壤样品，并带回地球。这三个阶段逐步进行，难度也越来越大。

探月工程是一项复杂的系统工程，航天器、运载火箭、发射场、测控通信、回收着陆和科学应用系统都起着至关重要的作用。探测器飞行控制工作，是这项复杂航天任务中一个至关重要的环节。运载火箭发射升空并将探测器送入预定轨道后，后续全部飞行过程和科学探测工作都要靠飞行控制来完成。有些深空飞控任务要持续数年甚至数十年，所以航天专家们常常会说"成功在飞控，关键在飞控"。

控制航天器脱离地球引力，进入月球轨道是完成月球探测的一个重要前提，这需要把探测器精准地送入地月转移轨道。当然，最关键的是月球捕获和动力下降控制，在月球采样返回任务中，还要完成月面起飞、月球轨道交会对接和月地转移等更为复杂的控制。这给飞控中心的轨道计算和轨道控制人员带来了很大的挑战，不仅要完成高精度的轨道确定工作，还要设计出最省燃料、最为安全的轨道，为确保发生故障情况下仍能够完成飞控任务，在准备正常控制方案的同时，飞控中心还要准备多种预案，确保在紧急情况下能够完成轨道重构和应急控制。

《月背征途》的第1章，对从"嫦娥一号"到"嫦娥三号"的飞控任务进行了简要回顾。从2007年的"嫦娥一号"，到2010年的"嫦娥二号"，飞控中心控制卫星绕月飞行720天、8489圈，获取了2800余圈高清月球表面图像，为后续月面着陆做好了准备。2013年的"嫦娥三号"是我国首次在月球表面实现软着陆，着陆器采用了最新研制的7500牛变推力发动机，一次制动就能够进入环月轨道，这给飞行控制带来了更大的难度和风险。月面遥操作也给飞控中心带来了很大的挑战。当然，由于月面复杂环境的影响，"玉兔一号"在月面只行走了114.8米，这给飞控人员留下了很大的遗憾，然而，他们没有放弃努力，一直在寻找下一次机会。

月球车驾驶员是飞控中心一个很特别的飞控岗位，本书通过长达一年多的跟踪，收集了大量他们在学习、训练和实际操作月球车中的经历和体会，力图通过他们的视角向读者展现月面驾驶这一特殊任务和完成这一任务所需的特殊技能。我们用"月面开车：驾驶员的修炼"一章，对月球车的构成、遥操作中主要技术的基本原理和月面科学探测的基本方法进行了介绍，同时对飞控中心的软件系统是如何设计研制并运行的向大家做了一个简要说明。

当然，本书的重头戏还是人类探测器首次在月球背面软着陆。2019年1月3日"嫦娥四号"代表全人类来到了月球背面。本书对月球中继卫星的发射过程和惊心动魄的72小时月球背面着陆进行了全面回顾。月球中继星是实现月球背面软着陆的关键，在2018年5月21日发射后，飞控中心历时25天，用5次精确的轨道控制将中继星捕获在Halo轨道上，为月球背面数据通信创造了条件。月球背面的可选着陆区域很多，为什么选择冯·卡门撞击坑？主备两个着陆区怎么使用？如何在中继星的支持下实现月面软着陆？书中都会给出答案。

最精彩的部分应该是第5章"月背征途：'玉兔二号'驾驶日记"了，这一章以飞控中心月球车驾驶员的视角，使用大量拍摄的月球表面的真实图像（很多是首次发表），记录了"玉兔二号"从2019年初开始的第1个月昼到第23个月昼，在月面生存659天、行走565.9米所经历的事件和科学探测获得的惊人发现。这里面有突破"玉兔一号"的行走记录、探测月球表面神秘石块、发现神秘胶状物、成为人类在月球上工作最久的月球车等精彩而有趣的故事。

最后，我们也对中国航天未来将实施的月球永久阴影区探测任务和小行星采样返回等深空探测任务进行了展望。

"玉兔二号"至今仍然在月球背面正常工作，在驾驶员的精心呵护下，不断前行，每个月都给我们带来新的发现和惊喜，它走出的每一步、拍摄的每一张照片、获取的每一个数据都是在创造人类征服太空的奇迹，我们的驾驶员们一定会用不懈的努力，让这史诗般的月背征途走得更加精彩！

北京航天飞行控制中心主任　李剑

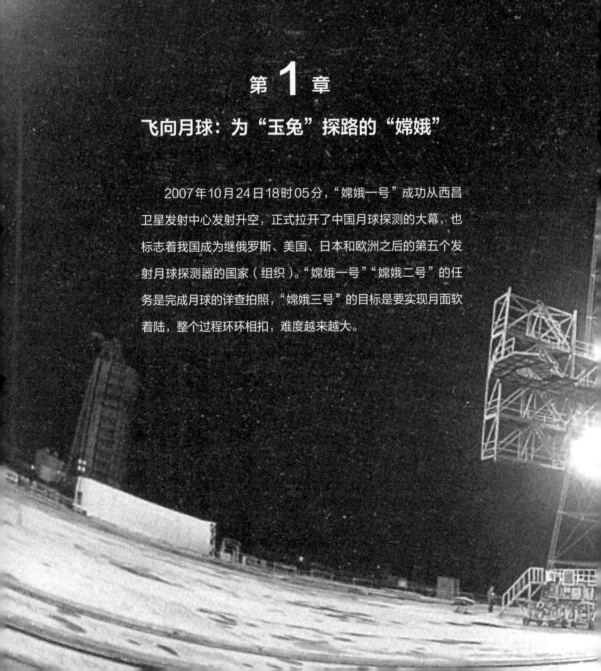

第 **1** 章

飞向月球：为"玉兔"探路的"嫦娥"

2007年10月24日18时05分，"嫦娥一号"成功从西昌卫星发射中心发射升空，正式拉开了中国月球探测的大幕，也标志着我国成为继俄罗斯、美国、日本和欧洲之后的第五个发射月球探测器的国家（组织）。"嫦娥一号""嫦娥二号"的任务是完成月球的详查拍照，"嫦娥三号"的目标是要实现月面软着陆，整个过程环环相扣，难度越来越大。

一、"嫦娥一号"：飞出地球母亲的怀抱

"明月几时有？把酒问青天。"那个举头即可仰望的月亮，在千百年来总是寄托着中国人的思念之情。它时而如银盘，时而若银钩，在神话传说中嫦娥住在月宫里，如今中国人决心让"嫦娥"探测器一探月球全貌！

我国第一颗探月卫星的诞生

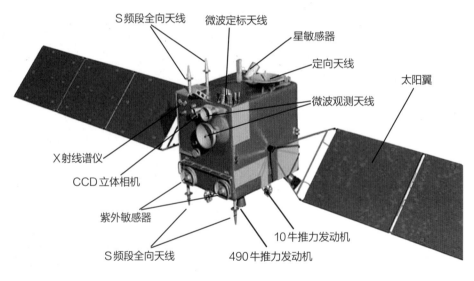

我国第一颗探月卫星

如何制造探月卫星，这给航天专家们带来了不小的挑战，而最终选定的方案就是用成熟的卫星平台再装上环月飞行所必需的设备，这样就可以在短时间内以较低的成本实现这一目标。当然，卫星的设计还是要解决以下六大挑战。

挑战一：卫星平台研制与选型

由于"嫦娥一号"需要在奔月途中进行多次变轨，因此需具备充足的轨道机动能力。"嫦娥一号"绕月探测卫星是以成熟的"东方红三号"卫星平台为基础研制的，经过适应性改造，确定星体为立方体，两侧各有一个太阳翼，工作寿命为1年。

挑战二：解决三体定向问题

一般的人造地球卫星只需同时进行两体定向，即卫星上的太阳翼对准太阳，以保证获取足够的光照并产生足够的电能，而卫星上的有效载荷则对准地球，以完成遥感或通信任务。但"嫦娥一号"的探测目标是月球，不仅要保证其携带的科学仪器对准月球、太阳翼对准太阳，同时还要将卫星的定向天线对准地球，从而使"嫦娥一号"在限定时间内把自身工作状态信息和科学仪器的探测结果及时发回地球。

挑战三：紫外敏感器

地球大气层内有稳定的红外辐射带，红外辐射带始终以一个完整的圆盘状呈现，而且辐射强度、圆盘直径变化都很小，并比太空温度高很多。利用这一特性，人们为人造地球卫星研制出了红外地球敏感器，利用探测红外光谱来获得地球地平信息，经过进一步处理可以得到卫星姿态数据，就好像一双观察地球的"眼睛"。但这种红外地球敏感器并不适用于月球，原因是月球没有大气层，也就不可能有稳定的红外地球辐射带。经过对月面不同物质、不同地形的反射特性进行分析后发现，月球具有稳定的紫外线辐射，因此，"嫦娥一号"采用紫外敏感器作为"眼睛"来观察月球并用于确定自身的姿态。

挑战四：先进热控设计

一般地球卫星内部的温度保持在-10℃至45℃的范围内即可。月球的环境与地球环境差异巨大，由于月球表面不存在大气层，且受太阳的影响较大，表面温度变化极大，有太阳照射时月面温度可达130℃，而此时的背阴面温度却低至-190℃，所以"嫦娥一号"奔月和绕月飞行的过程中会受到太阳、月球等影响，外部环境非常复杂。"嫦娥一号"上搭载了许多有特殊热控要求的仪器，对热控制的要求极高，为了保证各探测仪器工作正常，我们专门为"嫦娥一号"量身定制了一套"冬暖夏凉"的"保温服"，即特殊的新型热控分系统，可实现热环境下散热、冷环境下保暖。

挑战五：应对月食问题

月食是射向月球的光线被地球挡住时发生的现象，当"嫦娥一号"进入月食范围内时，太阳翼无法供电，只能由蓄电池单独供电，同时卫星温度会迅速下降。"嫦娥一号"卫星的设计寿命是1年，在寿命期内，它不可避免要经历两次月食，每次月食持续的时间是3小时左右。为了解决月食对"嫦娥一号"的影响，进入月影时，各分系统都设置了最小工作模式，以减少电能损耗；出月影时，在功率许可的情况下，地面控制人员需调高热控分系统的补偿加热功率，保证"嫦娥一号"尽快升温。

挑战六：地月轨道设计

地球以29.79千米/秒的惊人速度绕着太阳公转，地球上的生物之所以没有被甩向太空，是因为被地球引力牢牢抓住了，但地球引力也成了我们探测月球首先要克服的一大难题。月球距离地球的平均距离约38万千米，"嫦娥一号"要飞向遥远月球，成为绕月飞行的月球卫星，必须用大推力运载火箭从地表加速摆脱地球引力，到达月球附近后利用航天器自身的发动机返向工作以降低相对速度，进入月球轨道，开始绕月飞行。综合考虑地球引力、月球引力、经济性等约束条件，我国探月工程最终选择"长征三号甲"运载火箭作为"嫦娥一号"的运载火箭。"嫦娥一号"设计的奔月之路分为4个阶段，即停泊轨道段、地月转移轨道段、月球捕获轨道段和环月长期运行轨道段。

科普时间

火箭发射窗口

火箭发射窗口是指允许运载火箭发射的时间范围，窗口宽度有宽有窄，宽的以天计算，窄的只有几十秒钟，甚至为零。

发射窗口是根据航天器本身的要求及外部多种限制条件经综合分析计算后确定的。影响"嫦娥"卫星发射窗口的外界因素较多，首先是地月相对位置，卫星要与月球接近或相遇，必须在地球与月球处于一定的相对位置之前或之后的某个时间区间内，瞄准正在运动的月球进行发射，如果错过这个时段，地球与月球之间的相对位置发生变化，发射窗口和飞行路线也将随之改变；其他的约束条件还有卫星能源约束（推进剂）、太阳光照约束（供电热控）和测量控制条件（测控）等。

为确保卫星准确进入地月转移轨道并最大限度地节省推进剂，"嫦娥一号"采用"零窗口"的发射方案，即在预先计算好的发射时间段内火箭分秒不差地点火升空。

停泊轨道

停泊轨道是进入最终地月转移轨道前所采用的临时性的轨道。"长征三号甲"运载火箭所提供的是近地点200千米、远地点51000千米的大椭圆形轨道，而地月之间的平均距离约384000千米，为了将卫星送到这样远的距离，"嫦娥一号"在进入地月转移轨道前经历了一段绕地球飞行的停泊轨道，卫星在停泊轨道上利用自身的推进系统进行了3次近地点轨道机动，逐步抬高远地点后进入地月转移轨道。

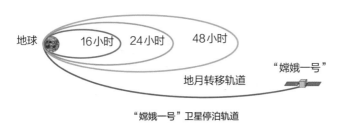

"嫦娥一号"卫星停泊轨道

由于"嫦娥一号"第一次近地点变轨后停泊轨道的周期为24小时的整数倍，因此它的近地点每隔24小时都会出现在中国上空，它多绕了3天就相当于在原地等了3天，等待月球运行到一个最佳的位置上。这个轨道设计本身就是为了增大实施地月转移控制的保险系数，如果"嫦娥一号"提前1天发射，它在地月转移轨道上多转1圈就可以在同样的条件下奔向月球；如果推迟1天发射，只要在停泊轨道上少转1圈就可以了。

起飞，进入停泊轨道

2007年10月24日18时05分，"长征三号甲"运载火箭在西昌卫星发射中心腾空而起，把搭载的"嫦娥一号"卫星精准地送入了预定轨道。

火箭的任务圆满完成，剩下的路程得靠"嫦娥一号"自己来走。此前，中国航天历次飞行控制任务均属于对绕地球飞行的卫星进行控制，最远距离不过8万千米。这次"嫦娥一号"的最远飞行距离达到了41万千米，这是一次漫长、艰险而又充满挑战的太空之旅。然而，"嫦娥一号"并不是单打独斗，飞控中心的飞控团队在为它保驾护航。如果把"嫦娥一号"比作巨大的风筝，地面测控系统和飞控中心就是放风筝的人，只是使用的不是风筝线，而是电磁波。

"长征三号甲"运载火箭发射

卫星从38万千米外传回的电磁信号的强度只相当于近地轨道传回信号的百万分之一。而且，"嫦娥一号"携带天线的最大发射功率只有20瓦，微弱的信号混杂在各类空间复杂的电磁噪声中，给测控设备跟踪和飞控任务带来了很大困难。在当时的条件下，主要靠喀什12米测控站、青岛10米测控站、圣地亚哥9米测控站及欧洲航天局国际联网测控站完成飞控工作。为了提高测轨精度，飞控中心首次引入了甚长基线干涉测量技术（VLBI）测轨子系统。

"嫦娥一号"正式踏上奔月之路前，需要在地球停泊轨道进行4次轨道控制。第一次控制在远地点点火，将近地点高度从约205千米抬高到600千米，并将近地点调整到国内测控区的上空，为后续"三级跳"——3次近地点加速做好铺垫。前两次近地点调相控制先将远地点高度由5.1万千米抬高到7.2万千米，再抬高到

12.1万千米，轨道周期由16小时调整到48小时，为地月转移做好了准备。

飞翔在地月之间

　　地月转移轨道，顾名思义，就是卫星从地球向月球飞行的轨道。从理论上讲，从地球到月球存在无数条可能的轨道，而其中消耗能量最小的轨道只有一条，轨道设计正是要找出这样的最佳轨道。因此，"嫦娥一号"进入地月转移轨道入口的时机以及运动状态，特别是位置和速度等因素非常关键。如果时机不对，"嫦娥一号"将无法找到月球，从而不能和月球相会；如果速度过大，"嫦娥一号"也将错过月球，无法进入月球引力作用的范围；如果速度过小，"嫦娥一号"就会像中途抛锚的汽车，无法摆脱地球引力的束缚到达月球。

科普时间
北京航天飞行控制中心的职能

　　北京航天飞行控制中心（飞控中心）是我国载人航天、探月工程和深空探测飞行控制任务的指挥、控制和决策中心，是测控系统的重要组成部分，是整个飞行任务的"神经中枢"。所有测控系统的测量数据都在这里汇集，产生定轨结果，制定控制策略，控制指令也从这里发出，航天器发生故障时的应急决策也在这里做出。

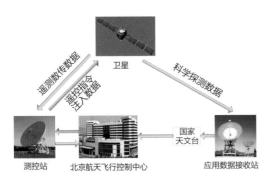

飞控中心与测控站及卫星的关系

　　在探月工程任务中，飞控中心担负着飞行任务期间卫星的轨道测量与控制、卫星遥测状态监视和遥控注入等任务，负责完成卫星探测应用期间的任务计划设计、实施与操作管理，并通过高精度的测量，为地面应用系统科学探测数据的处理提供轨道数据保障。

"嫦娥一号"每次远地点的奔跃都在刷新中国航天器的高度,也在使飞控人员的心跳加快。针对轨道控制发动机可能出现的故障,他们准备了多套应急预案。发动机未按时开机怎么办?发动机推力过大或过小怎么办?飞控人员要梳理这些故障发生的原因和卫星的控制逻辑,事前准备几十组备用参数,一旦上述故障发生,及时选择相应的参数上注,才能为卫星进入地月转移轨道保驾护航。

"嫦娥一号"第三次近地点变轨飞控大厅现场

2007年10月31日17时25分,经过8圈的绕地飞行,"嫦娥一号"来到地月转移轨道的入口,490牛发动机点火,783秒后,第三次近地点加速控制完成,"嫦娥一号"启程飞向月球,114小时后到达。

2007年11月4日,距离第一次近月制动只剩10小时,实时定轨的结果显示,定轨误差突然开始变大,轨道精确度下降。轨道确定是整个飞控的基础,如果不能解决定轨问题,近月制动的精度便不能保证,难道"嫦娥一号"要迷失在太空中了吗?经过轨道专家组对定轨数据多次复核计算,终于找到了原因,原来在地月转移轨道修正控制过程中,需要将卫星从太阳定向模式调整为恒星定向模式,而这一姿态调整需要卫星姿控发动机喷气来完成,正是这一过程中发动机喷气产生的速度增量对轨道产生了影响。

随着地月转移飞行过程的进行，"嫦娥一号"离地球越来越远，地球引力不断减弱，而月球引力不断增强，飞行轨迹也逐渐偏离最初的椭圆形轨道，当"嫦娥一号"进入离月球6.6万千米远的半径范围内时，起主导作用的变成了月球引力，而不是地球引力。

"嫦娥一号"飞速奔向月球，为了确保卫星安全进入环月轨道，第一次近月制动非常关键，在制订正常控制方案的基础上，各类应急控制方案让飞控中心的轨道专家组费了很大一番功夫。经过反复研究，他们提出了近月制动滞后控制和补充控制应急控制策略，以确保月球捕获万无一失。滞后控制是"嫦娥一号"因故不能在近月点及时制动情况下再次制动，补充控制是在制动量不足的情况下再次控制。但滞后控制和补充控制都是飞过近月点后再点火，这会让实际控制效率降低，消耗更多的推进剂。但为防止发生意外，确保安全进入环月轨道，这些消耗也是值得的。

一切准备就绪，整个飞控团队都屏住呼吸，等待着"嫦娥一号"造访月球，中国深空探测的真正起点近在眼前。

科普时间

太阳定向与恒星定向

太阳定向以太阳光作为姿态测量基准，是利用太阳敏感器的测量信息使航天器的某一轴始终指向太阳，航天器相对太阳姿态稳定。恒星定向以恒星位置作为姿态测量基准，是利用星敏感器输出的测量信息，使得航天器相对于惯性空间保持姿态稳定。简单来说就是航天器自身装有一个宇宙星图，到了空间环境中使用星敏感器对着星空拍照，得到星图后与预装的标准图像对比，确定自己的位置和姿态，并相对于银河系里所有的恒星保持一个稳定的姿态。

太阳定向一般用于航天器巡航（正常运行）阶段，是确保能源和自身安全的姿态控制模式。恒星定向一般用于高精度指向情况下，如轨道控制时所选的姿态控制模式。

被月球抓住了

当"嫦娥一号"抵近月球的时候，尽管比进入地月转移轨道时的速度降低了很多，但仍然达到了2.4千米/秒，是普通喷气式客机的10倍，需要对它进行一次"太空刹车"，使它顺利被月球引力捕获，成为一颗月球卫星。近50年人类的探月史上，航天器"太空刹车"的成功率只有50%。

这是中国人第一次操控探测器进入月球轨道，其意义太重大了，为了降低风险，"嫦娥一号"采取3次制动方式，逐步降低环月轨道高度。

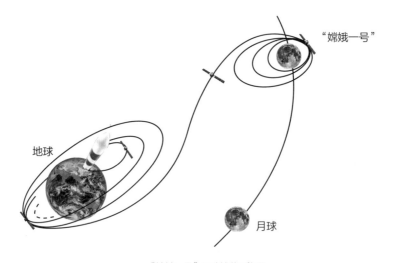

"嫦娥一号"月球捕获示意图

2007年11月5日10时15分，飞控中心飞控团队将反复计算的变轨控制参数注入卫星，为确保准确无误，又将控制参数从卫星上传下来再次核对，这是一次至关重要的控制，不能有任何差错。10时40分，"嫦娥一号"调姿发动机点火，启动制动姿态。11时15分09秒，490牛发动机按地面注入的开机时刻准时开机，达到预定速度增量后正常关机，开机时长约21分20秒，与理论计算一致，根据飞控定轨结果标定，第一次近月制动成功，"嫦娥一号"被月球引力捕获，进入12小时绕月椭圆轨道。这是一个创造历史的时刻，中国人终于有了第一颗属于自己的环月卫星！

11月6日11时35分，"嫦娥一号"进行了第二次近月制动。卫星进入了绕月

"嫦娥一号"月球捕获成功后飞控大厅内老院士们拥抱庆祝

3.5小时小椭圆轨道，并在这个轨道上运行了7圈，一切正常。

11月7日8时24分，"嫦娥一号"第三次近月制动，最终进入了127分钟月球极月轨道。这个轨道接近圆形，离月球表面200千米，此时的"嫦娥一号"才算真正进入科学探测的工作轨道。

科普时间

"太空刹车"

"太空刹车"的专业叫法是"近月制动"。随着绕月探测卫星与月球逐渐接近，月球引力会使"嫦娥一号"加速，就像石头从高处落下，速度会越来越快。绕月探测卫星在地月转移轨道上经过114小时的飞行来到距月球约200千米的近月点时，卫星飞行速度将达到约2.4千米/秒。所以，如果不减速的话，"嫦娥一号"可能会直接飞出月球引力范围边界（又称为月球影响球），与月球擦肩而过。如果"嫦娥一号"飞出月球影响球，它相对地球的速度会被月球引力改变（被称为引力弹弓或借力飞行），"嫦娥一号"相对地球的速度可能反而增大了，这足以使"嫦娥一号"飞出地球影响球，成为一颗"行星"，一去不复返。另外，如果"刹车"踩得太狠，卫星会一头撞在月球上，摔得粉身碎骨。

月面终现真容

我们把"嫦娥一号"称为探路者，因为"嫦娥一号"是我国第一个进入地月转移轨道的航天器，也是我国第一个被月球引力捕获的航天器。利用"嫦娥一号"拍摄的图片，我国第一次发布了高精度全月图，分辨率达到120米，是当时世界上公开发布的精度最高的全月图。

2007年11月20日16时49分，飞控中心控制"嫦娥一号"光学成像探测系统加电，立体相机开机并开始进行图像数据下传工作。在地面飞控人员的焦急等待中，下传的图像开始一帧帧拼接起来并逐渐显露真容。看着月球表面起伏不平的地貌和各种形状、深浅不一的撞击坑时，很多在场的专家流下了热泪。毕竟，这是我们中国人获得的第一幅月球表面照片。

在漫长的环月飞行期间，"嫦娥一号"一刻也没闲着，它利用携带的CCD立体相机把月球表面的光影尽收眼底。2007年11月20日至2008年7月29日，"嫦娥一号"共绕月飞行3000余圈，并采取扫描的方式，在1700余圈进行了月面拍摄，完成了全面图像获取工作。

为了获取高精度的全月图，飞控中心充分研究了"嫦娥一号"在200千米高度轨道对月面成像的各种飞行姿态，考虑相机延时开机、开机时刻特征点变化和分段拍摄可能遇到的各种困难，最终设计了详细完善的成像策略，分3个阶段开展月面成像工作。为了追求精益求精的效果，飞控人员针对清晰度、成像角度、覆盖区域有所偏差的图像数据，精心调整成像参数，利用每一圈可观测的机会进行了补充拍摄工作，并严密监视相机工作状况，合理安排工作节奏，劳逸结合，最大限度地保障相机的工作效率。

迎接月食挑战

成功环绕月球只是第一步，"嫦娥一号"还有很多科学探测的任务要完成，它需要在工作轨道上长时间工作并进行一系列在轨实验。其中有一个问题引起了飞控中心的高度关注，那就是在持续一年的环月飞行期间会发生两次月食，

中国首次月球探测工程的第一幅月面图像

即2008年2月21日和8月17日的月食。大部分航天器都是靠太阳能发电的，进入阴影里就意味着失去能量来源，航天器将无法正常工作。更糟糕的是，月球本身也有阴影，如果月球的阴影和地球的阴影连上了，或两次阴影间隔时间较短而来不及充电，卫星的蓄电池的电能耗尽，就等于提前宣告卫星寿命终结。

飞控中心大厅工作场景

科普时间

三维月球影像是如何获得的

卫星在飞行时，CCD立体相机沿飞行方向对月表目标进行推扫式扫描，可以得到月表同一目标的3个不同角度的图像，这3个角度的图像分别是星下点（正视）、前视17°、后视17°的3幅二维原始数据图像。图像经辐射定标（将目标图像的灰度值转换为目标的实际亮度值）修正后，结合成像时的卫星位置和姿态，重构出月表三维立体图像。

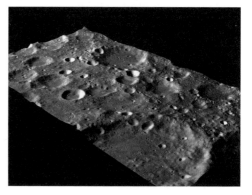

三维月球影像图

月食是不可避免的，但是缩短月食内的阴影时间是可行的，这个问题难不倒飞控中心的轨道专家组。经过精心分析设计，最终确定用"月食调相"的方案来解决这个难题。该方案的关键在于如何准确选择调相的位置和时机。为了最大限度地节省卫星推进剂，并避免轨道调整太大对科学探测产生影响，轨道专家组提出了一种调相控制方案，即通过提前10～20天调整卫星轨道高度和月食出现时卫星的相位以缩短阴影时间。

2008年1月27日23时50分48秒，飞控中心控制"嫦娥一号"实施轨道控制，发动机工作60余秒，卫星轨道抬高近2000米，以应对23天后出现的月食。2月21日，这一天正是中国的元宵节，整个月球以及绕月卫星都会被地球挡住太阳光，这次轨道调整后，原来4小时的阴影时间缩短至2小时左右，"嫦娥一号"安全地度过了月食期。

科普时间

月食及其对"嫦娥一号"的影响

月食是地球运行到太阳和月球中间、月球被地球的阴影所遮掩而产生的一种天文现象，在中国古代又被称为"天狗食月"。"嫦娥一号"2小时左右绕月球转一圈，1小时有太阳照着，1小时被月亮挡住太阳。

由于地球阴影的阻挡，"嫦娥一号"将无法得到太阳能，只能靠蓄电池储存的电能为设备供电。而在正常模式下，卫星的能源系统无法提供5小时的连续供电。对"嫦娥一号"的另一个严峻考验来自低温。卫星在月食阶段的阴影中将直接面对太空-270℃的低温环境，也无法获得太阳红外和月球红外的加热。经历月食后，卫星设备的温度将大幅度降低，某些外露设备的温度甚至会降低到-190℃，很多设备的最终降温结果将超出其工作允许的最低温度。另外，受地球自转、月食发生时刻的影响，"嫦娥一号"卫星经历月食的过程中，国内测控站也不能全程跟踪和控制卫星。卫星为顺利度过月食所做的许多工作状态调整只能靠卫星自主完成，若自主执行动作有误，也无法获得地面的修正。因此，在环境温度较低的条件下，需要无差错地执行每一项指令、稳定工作，这对卫星是一个严峻考验。

受控撞月

"嫦娥一号"承载着中国人千百年来的奔月梦想，是无数人心血和智慧的结晶。在完成全部探测和科研任务后，2009年3月1日，"嫦娥一号"累计飞行494天、5514圈，就在这一天，"嫦娥一号"以撞击月球这一悲壮的方式结束了它的使命。

16时13分，飞控中心长管团队发送了最后一条指令，实施撞月制动，将超出设计使用寿命129天的"嫦娥一号"送入了撞击轨道。经过37分钟的减速，卫星受控撞击月球丰富海区域，撞击点位于南纬1.50°、东经52.36°。"嫦娥一号"以悲壮而又灿烂的方式结束了壮丽的一生，留给了我们无尽的思念。

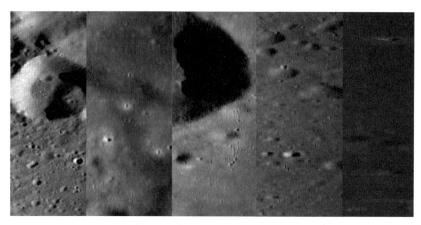

"嫦娥一号"受控撞月过程拍摄的图像

科普时间

为什么选择受控撞月

撞击月球是国际航天领域月球探测器结束使命普遍采用的方式。这样做的目的有两个：一是避免在月球轨道上留下航天器的残骸，防止"太空垃圾"碰撞未来的航天器，包括载人登月航天器；二是观察深度撞击后月壤的变化，寻找月壤深处水的证据。

二、"嫦娥二号"：从月球走向深空

"嫦娥二号"发射采用的是"长征三号丙"运载火箭。这一次，火箭的推力可以直接将"嫦娥二号"送入地月转移轨道，不再需要绕地球兜圈了。基于这次成熟的技术，其后的"嫦娥三号""嫦娥四号"都是由火箭发射直接进入地月转移轨道的。

奔月直通车

2010年10月1日18时59分57秒，"嫦娥二号"在西昌卫星发射中心成功发射。冲劲十足的"嫦娥二号"直接进入了地月转移点，并在10月2日凌晨3时39分"掏出"相机拍了路上的风景——地球和月亮。

"嫦娥二号"在轨拍摄的地球和月亮

2010年10月2日12时25分，飞控中心进行了一次中途修正，稍稍"拽"了一把速度有点快的"嫦娥二号"，以便它能被月球成功捕获。这一次的修正非常精准，原计划的后两次中途修正也不需要了，"嫦娥二号"稳稳地朝着月球飞去。

2010年10月6日11时06分，飞控中心发出了第一次近月制动指令，"嫦娥

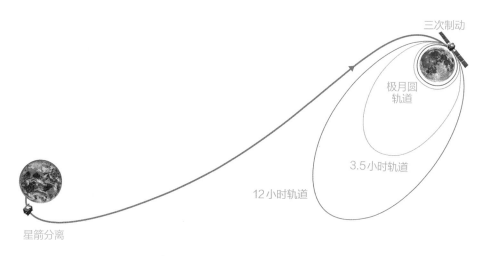

三次制动

极月圆轨道

3.5小时轨道

12小时轨道

星箭分离

"嫦娥二号"直接地月转移轨道示意图

二号"开始"刹车",展露出动作轻缓的优雅姿态。几分钟后,"嫦娥二号"在距离月球100千米的地方被月球捕获。相比于"嫦娥一号"在近月点200千米被月球捕获,这次操作难度提升了一大截,进入了12小时的椭圆形环月轨道。在这之后,"嫦娥二号"与"嫦娥一号"一样,还有2次近月制动,第二次近月制动让"嫦娥二号"进入了3.5小时小椭圆形环月轨道,第三次制动则进入了高度

"嫦娥二号"飞控大厅现场

22

100千米的118分钟极月圆轨道。

"嫦娥二号"于2010年11月2日转入长期运行管理阶段。在环月的150天期间，共实施了2次飞行姿态转换、3次轨道维持以及月食控制。这次的目标很明确：拍摄更高分辨率的全月图。

首张7米分辨率的全月图

由于"嫦娥二号"轨道高度由"嫦娥一号"时的200千米降低到100千米，因此拍摄的月面更清晰，但由于轨道倾角的差异，导致第一阶段成像期间在月面两极成像区域均有视场盲区，北极图像缺失区域宽度约170千米、长度约170千米，南极图像缺失区域宽度约110千米、长度约100千米。

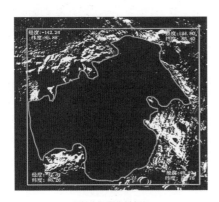
月面北极图像缺损区

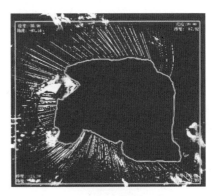
月面南极图像缺损区

为了补全极区图像，把月面看得仔仔细细，2011年4月14日至5月23日，"嫦娥二号"完成轨道倾角调整控制，对月球两极进行补拍成像。历时199天，"嫦娥二号"总共拍摄了600多幅照片，其中384幅精选照片被用于最终制作7米分辨率的全月球地形影像。

为"嫦娥三号"铺路

为完成对"嫦娥三号"预选着陆区高分辨率成像和对后续软着陆任务关键

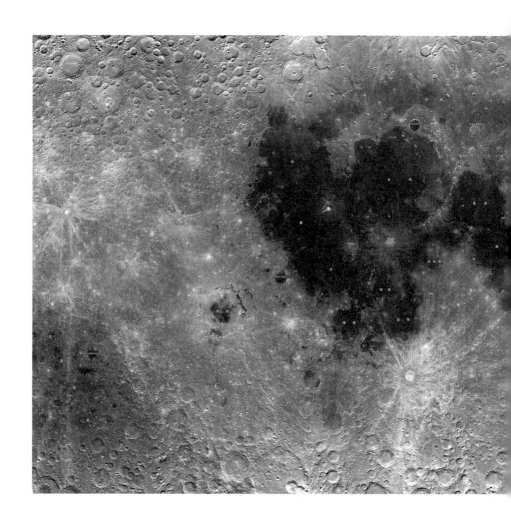

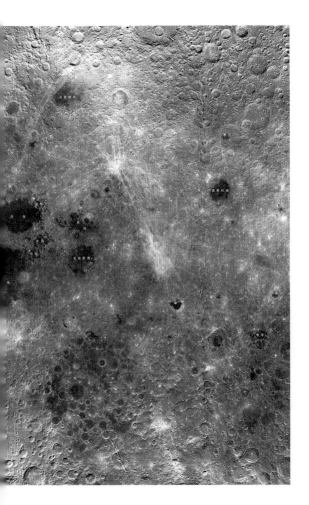

月球北极

月球南极

"嫦娥二号"拍摄的全月图（7米分辨率）

技术的先期验证，2010年10月26日，飞控中心对"嫦娥二号"实施了降轨控制试验。约18分钟后，卫星成功由100千米×100千米的圆轨道进入了远月点100千米、近月点15千米的试验轨道。之所以选择这样一条试验轨道，是因为原定"嫦娥三号"动力下降前的准备轨道正是这个椭圆轨道。

月球上地形高低不平，月球南极附近的山峰高达9000米，与地球的珠穆朗玛峰高度差不多，最长的山脉将近1000千米长，将卫星控制到这个轨道上，降轨如果稍有不慎，"嫦娥二号"就会撞上月面的高山，甚至可能撞击月面。此外，由于目标轨道近月点位于月球正面的虹湾区域上空，因此最省燃料的降轨控制点在月球背面，但轨道控制关机点不可见，即使发生故障，地面也无法对卫星进行应急处置。为降低飞行控制风险，飞控中心的轨道专家们采用控制点偏置的"非对称控制"技术，将降轨关机点调整到测控弧段内，满足了卫星应急处置要求，确保了"嫦娥二号"降轨控制的安全。

降轨控制还有另外一个目的，那就是让"嫦娥二号"更接近月球，以便

"嫦娥二号"拍摄的虹湾局部高分辨率图像

对"嫦娥三号"预选着陆区——虹湾进行高分辨率成像。"嫦娥二号"相机在100千米轨道的分辨率优于10米，在100千米×15千米的椭圆轨道上时，近月点相机拍照分辨率能够达到1米，直径大于3米的坑都可以显示出来。这么高的分辨率，一方面，可以为地质学家提供更精细的立体图像，促进对月球地质构造的研究；另一方面，为"嫦娥三号"选取安全着陆区奠定了坚实的基础。

科普时间

甚长基线干涉测量

甚长基线干涉测量是深空探测器轨道测量的一种重要技术，它通过不同位置的两个或多个天线同时接收探测器目标下行的无线电信号能够获取目标的角位置信息。每两个地面天线之间的连线称为基线，基线的长度通常在几千千米量级，原理上基线长度越长，探测器目标的角位置精度越高。组成基线的两个天线分别接收采集到的信号后会把各自记录的数据传送到被称为甚长基线干涉测量相关处理中心的地方。在这里，数据经过一系列处理分析，以提取探测器目标的时延差信息。应用中通常采用差分体制，短时交替观测射电源和探测器可以消除测量中的公共误差，极大提升甚长基线干涉测量的观测量精度，再结合基线参数等信息可以测量出探测器目标角位置。

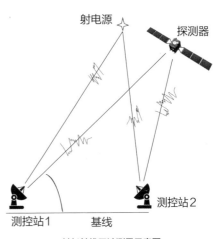

甚长基线干涉测量示意图

孤独的旅程

"嫦娥二号"在2011年4月1日达到了设计寿命，完成了所有工程和科学目标。由于飞控中心长管团队的精心呵护，"嫦娥二号"不仅状态良好，还剩余了不少推进剂，也就是说，它还有充足的动力可以继续飞行，甚至飞离月球，飞向更远的深空。

其实，从2010年10月1日"嫦娥二号"发射成功之日起，有关"嫦娥二号"的最终归宿就一直是人们最感兴趣的话题。这道选择题也一直萦绕在中国航天人的心头。当时，关于"嫦娥二号"的归宿有5种选择：撞击月球；向深空飞行；对太阳系小行星以及拉格朗日点进行探测；继续运行在环月稳定轨道，用于对2012年底建成的测控系统35米和64米深空大天线更远距离的测控能力的验证；返回地球轨道。

关于"嫦娥二号"归宿的几个选项，各自有着不同的科学价值。其中，让"嫦娥二号"返回地球轨道，对我国已经掌握的航天技术来说并不是一件难事；撞击月球虽然可以为未来"嫦娥三号"落月积累一些宝贵的经验和数据，但奔赴深空更有价值。事实上，"嫦娥二号"在发射前，除了"嫦娥一号"使用的S频段，还首次特别加载了X频段信号（火星探测乃至更远的深空探测也采用这一频段）收发设备，这一频段的频率更高，使得信号抗衰减性大大增强，也因此让航天器飞得更远成为可能。如果"嫦娥二号"的工作寿命能再延长一年半，这对中国航天人来说极其珍贵，因为当时我国正在全力建设的地面深空测控网计划在2012年下半年建成，如果届时卫星状况和地面建设都一切顺利，"嫦娥二号"的在轨飞行就可以直接对地面深空测控网做全面测试。

日－地拉格朗日L2点距地球大约有200个地球半径那么远，在地球的远磁尾处。在那里，"嫦娥二号"上的太阳风离子探测器和太阳高能粒子探测器将对太阳风和高能粒子进行动态监测。这将提高人类对地球远磁尾不断摆动、膨胀或收缩的性质动态和空间天气的认识。此外，当时太阳活动正处在增加阶段，"嫦娥二号"上的X射线谱仪将监测太阳耀斑爆发，这些数据既可以用于空间环境预警，也可以借此对太阳耀斑演化进行科学研究。不仅如此，若有可能，卫星

上的 γ 射线谱仪也许会观测到宇宙 γ 射线暴。总体来看，"嫦娥二号"飞往日–地拉格朗日L2点对其搭载的多个科学仪器同样是一个不能错过的良机。

基于上面的考虑，从月球轨道出发去日–地拉格朗日L2点的方案从5个方案中脱颖而出。

2011年6月8日至9日，飞控中心采用重构法，对"嫦娥二号"实施了两次加速控制，"嫦娥二号"飞离了月球轨道，成功进入L2转移轨道，正式向日–地拉格朗日L2点进发。

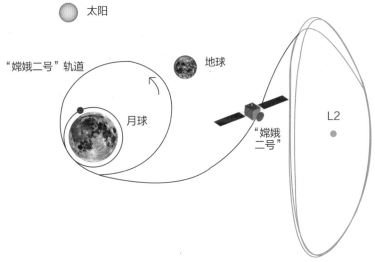

"嫦娥二号"飞往日–地拉格朗日L2点轨道示意图

这趟旅程飞行了150万千米，历时77天。2011年8月25日，"嫦娥二号"来到了太阳与地球的引力平衡点，日–地拉格朗日L2点的环绕轨道。我国成了世界上第三个造访日–地拉格朗日L2点的国家（组织），也是世界上首个从月球飞往日–地拉格朗日L2点的国家，路上还顺便开展了日地空间环境探测，真的是一举多得。

科普时间

地面深空测控网

地面深空测控网是为了对执行月球和行星际探测任务的航天器进行跟踪、导航并与其通信而建立的全球地基测控通信网。该网可以提供双向通信链路，具有对航天器指挥控制、跟踪测量、遥测、接收图像和科学数据等功能。

我国深空测控网由喀什、佳木斯和阿根廷3个深空站构成。其中，喀什和佳木斯深空站于2012年建成，阿根廷深空站于2017年建成。

地面测控站

拉格朗日L2点

1765年瑞士数学家和物理学家莱昂哈德·欧拉发现，在一个旋转二体（如地球－月亮）重力场中存在3个共线的天平动点。1772年，法国著名数学家和物理学家约瑟夫·拉格朗日指出，在一个旋转二体重力场中还存在另外两个天平动点，后人将这5个点统称为拉格朗日点，也称平动点（分别是右图中的L1、L2、L3、L4、L5）。

平动点是航天器在受到两个大天体的万有引力作用时，在空间中的引力平衡点，运行于平动点的航天器可以长期保持轨道位置而几乎不用消耗推进剂，使其在停泊中转、中继通信、星际转移等未来深空探测任务中具备较好的工程应用价值。

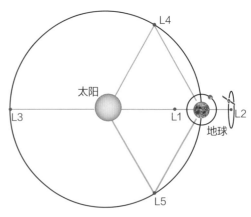

日－地拉格朗日L2点示意图

"嫦娥"与"战神"的约会

为最大限度挖掘卫星潜能，在"嫦娥二号"完成所有既定任务目标后，我们为它安排了难度更大的拓展试验任务。最终，"嫦娥二号"与小行星交会的方案被确定下来，但该选择与哪颗小行星交会呢？

我们把目光瞄向了百万千米以外的浩瀚星空。茫茫宇宙中，地面科技人员对小行星库中60多万颗小行星进行了细致的挑选，综合考虑交会时机、交会距离、所需速度增量以及小行星直径等，最终挑选图塔蒂斯小行星作为"嫦娥二号"的"约会对象"。

图塔蒂斯是以西方凯尔特人神话中战神名字命名的小行星，每隔4年才会穿越漫长的星空与地球近距离接触一次。2012年12月13日前后，图塔蒂斯再次到达近地点约700万千米处，之前美国、欧洲、日本等国家（组织）都是采用雷达、可见光及近红外成像技术手段实现对它的远距离观测，如果这次中国能够使用"嫦娥二号"搭载的相机对小行星进行近距离成像将是国际首次，意义不言而喻。

要使"嫦娥二号"与图塔蒂斯交会，需要控制"嫦娥二号"脱离环绕日－地拉格朗日L2点，飞往与小行星交会的转移轨道。这在我国以往的航天任务中没有先验轨道可以参考，国际上此类大范围星际转移技术也都是国家机密，无从借鉴。卫星与小行星交会的机会只有一次，且相对飞行速度超过10千米/秒，其控制难度比在万米高空操控两颗子弹相撞更大，对卫星上根本没有考虑高速成

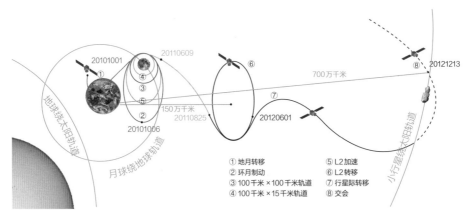

①地月转移 ⑤L2加速
②环月制动 ⑥L2转移
③100千米×100千米轨道 ⑦行星际转移
④100千米×15千米轨道 ⑧交会

"嫦娥二号"与图塔蒂斯小行星交会轨道示意图

像需求的相机也提出了苛刻的要求。

2012年4月15日和6月1日，飞控中心通过两次变轨，控制"嫦娥二号"飞离日－地拉格朗日L2点环绕轨道，进入飞向图塔蒂斯的转移轨道。途中经过4次修正，历经半年的星际旅程，2012年12月13日16时30分按照预定的日期和地点，"嫦娥二号"与图塔蒂斯如期相会在茫茫星海。此时两者最近距离仅3.2千米，"嫦娥二号"采用了回眸凝视的身姿，图塔蒂斯的身影出现在"嫦娥二号"的视野边缘，然后它的身影随着距离的变大而逐渐减小，很快就消失在了太空之中。

这一回眸成功获取了500幅高质量图像，清晰完整，最佳成像像素达到了378×200像素，分辨率达10米，局部分辨率高达5米。这是世界上首次对该小行星进行近距离光学成像，为后续行星际深空探测任务验证了可靠的轨道确定与控制技术。

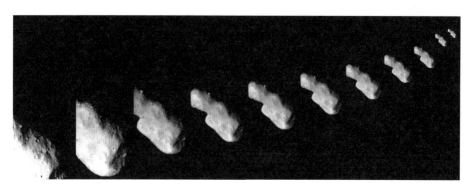

"嫦娥二号"拍摄的图塔蒂斯小行星图片

科普时间

图塔蒂斯小行星

图塔蒂斯小行星在国际上的官方名称是"小行星4179"，1934年2月被首次观测到，但直到1989年1月14日才再度被法国天文学家克里斯蒂安·波拉斯发现，随即被以神话中的战神"图塔蒂斯"命名。图塔蒂斯小行星长4.46千米、宽2.4千米，外形看起来像一粒花生，是迄今为止靠近地球的最大小行星之一。图塔蒂斯小行星绕太阳的公转周期为1471天，自转周期5~7天，2004年9月29日距地球最近距离约160万千米，大约是地月距离的4倍。正是因为它距离地球非常近，所以科学家们已经把它收录到"潜在危险小行星名单"之中，每时每刻都在关注着它的一举一动。

三、"嫦娥三号"：踏上"广寒宫"

中国的探月工程分为"绕、落、回"3个步骤，"嫦娥一号""嫦娥二号"都还没有真正落到月球上，而落月这个重大的突破就要由"嫦娥三号"来完成了。2013年12月2日1时30分"嫦娥三号"从西昌卫星发射中心发射升空，这次我们使用的是更大推力的"长征三号乙"运载火箭。

"嫦娥三号"发射

7500牛推力无级变速

近月制动是月球捕获的关键，"嫦娥一号"和"嫦娥二号"的主发动机推力都只有490牛，而"嫦娥三号"是全新研制的探测器，其主发动机是7500牛的变推力发动机，它可以通过一次制动就进入100千米的环月轨道。能力变强的同时也会有随之而来的问题，强有力的发动机意味着如果多开9秒就会像猛踩刹车一样，使得近月点高度急速降低，从而导致"嫦娥三号"撞向月球。

为了确保万无一失，飞控中心在发动机速度关机的基础上又增加了时间关机的后备保障，这就像是上了双保险。即便有了双保险，为了避免在任务执行中遇到极端情况而产生意外，飞控轨道专家组在进行轨道安全性论证后还是提出了紧急抬轨控制策略，以防止"嫦娥三号"撞向月球。另外，专家组也制订了关键时

"嫦娥三号"任务飞控大厅现场

刻小发动机补充变轨的方案，以防止出现大发动机点火推力不足的情况。

2013年12月6日17时47分，7500牛发动机制动开始，飞控中心大屏幕上，红色的推力曲线按照预期沿着绿色理论曲线不断爬升，360秒后，17时53分，遥测显示剩余速度增量稳稳地停在了终点。15分钟后，控后精密轨道数据出来了，半长轴与目标理论值仅相差约140米，控制精准完成，"嫦娥三号"月球捕获控制圆满成功！

科普时间

变推力发动机

变推力发动机就是具有大范围推力调节能力的液体火箭发动机，"嫦娥三号"所用的7500牛发动机是我国自主研制的首台变推力发动机，它可以实现推力无级变化，具有深度推力可调的特点。发动机能够按照航天器的控制指令，准确、快速、无级地改变推力，以实现探测器的中途修正、近月制动及月面软着陆任务，变推力发动机就像汽车的无级变速箱一样，既能够及时降速刹车，也可以加足马力提速。在月面动力下降的过程中，这项技术可以确保在下降过程中推进剂不断消耗、探测器质量不断减小的情况下，依然能稳定地控制下降速度，这就是变推力的威力。

着陆虹湾

着陆虹湾前，飞控中心先实施近月点降轨控制，把"嫦娥三号"的轨道调整为100千米×15千米，然后对7500牛变推力发动机和着陆敏感器进行测试，准备工作就绪后，飞控中心通过指令启动着陆程序，控制探测器从高度15千米的近月点开始动力下降。

虽然在"嫦娥二号"探月阶段，我们就已经确定了要降落在虹湾区，并预先进行了拍照和详细勘察，但预备降落的地区并非一片平坦，月面遍布大大小小的岩石和撞击坑。针对这个问题，在"嫦娥三号"设计之初就增加了自动的避障功能，"嫦娥三号"可以一边下降，一边自主平移，选择相对安全和平稳的区域。当"嫦娥三号"来到距离月面约3米的高度时，就可以通过自由落体的形式降落月面了。

"嫦娥三号"着陆前降落相机拍摄的图像

2013年12月14日21时11分，"嫦娥三号"顺利地落在了月球表面，落点坐标为北纬44.12°、西经19.51°。2016年1月4日，国际天文学联合会（IAU）正式批准"嫦娥三号"着陆点周边区域命名为"广寒宫"，附近3个撞击坑分别命名为"紫微""天市""太微"。

月球上的第一步

"嫦娥三号"实现了中国首次月球软着陆，接下来就要控制"玉兔一号"从

"嫦娥三号"上走下来,在月球上进行科学探测。万事开头难,迈出中国探测器在月球上的第一步亦如此,既需要提前把"玉兔一号"要面对的复杂情况都考虑在内,还要逐一提出解决方案才能够去执行。飞控中心的驾驶员们就是"玉兔"的眼睛,是它的大脑,更是它的生命保障。

动力下降时"嫦娥三号"的太阳翼是收拢的,着陆后不能展开得太早,以免月尘落到太阳翼表面而影响正常工作。大约4分钟后,飞控中心的操控人员需要立即对"玉兔一号"进行月面初始化操作,决定采取什么方式从"嫦娥三号"上走向月面,以及走下来将要面临的各种情况和处置办法。整个过程从12月14日晚上一直持续到15日早上4时35分,"玉兔一号"终于在月球上留下了中国探测器的第一履足迹!

定格114.8米

自从2013年12月15日"玉兔一号"正式来到月面以后,它的探索工作就开始了。"玉兔一号"在第二月昼开展了月面巡视勘察工作,地面控制"玉兔一号"经过4次移动,累计移动29.7米后到达"嫦娥三号"西南方向约40.9米的预定科学探测点,并圆满完成各项科学探测任务。

2014年1月15日5时43分至1月16日1时53分,"玉兔一号"在第二次科学

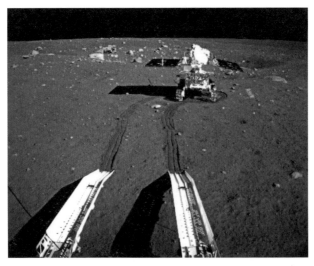

"玉兔一号"在月球正面留下了中国探测器第一履足迹

探测过程中累计移动26.2米，完成图像拍摄和科学探测数据下传后，受复杂月面条件影响，月球车机构控制系统状态异常。"玉兔一号"出现故障后，地面在连续进行了8个测控弧段的故障处置后未能排除故障。1月23日12时42分，控制"玉兔一号"在故障状态下进入第二月夜"休眠"。

经第三月昼连续11个测控弧段的故障处置后，依然未能排除故障。为扩大探测成果，在进行故障处置的同时，地面多次控制打开"玉兔一号"各类相机和有效载荷，获取了大量有效的探测数据和图像数据。2月23日下午，地面控制"玉兔一号"进入第三月夜"休眠"。

在圆满完成3个月的设计寿命后，"玉兔一号"由于故障而停止了前进的脚步，行驶距离永恒地定格在了114.8米。但"嫦娥三号"和"玉兔一号"所取得的开创性成果和经验教训，仍为中国探月工程后续任务的实施打下了坚实的基础。

科普时间

"嫦娥三号"着陆区为什么选在虹湾

虹湾并不是真正的湾。当我们仰望星空时，能看到月球上有大面积的暗黑色区域，那是月海。月海并不是真正意义上的海，而是由类似地球玄武岩的岩石组成的平原，月海伸向月陆的部分就被称为月湾和月沼。虹湾又称为彩虹湾，是月球的月湾之一。"嫦娥三号"着陆虹湾，一是因为这里地形平坦，少有大石；二是因为它位于月球的北纬，太阳光照条件较好，并且可探测的物质丰富；三是为了能够和地球顺利通信，也需要在月球正面降落；四是因为虹湾是月球研究的空白，其他国家还没有勘察过，美国和苏联月球探测器着陆地点多在月球赤道附近，在高纬度地区的不多。

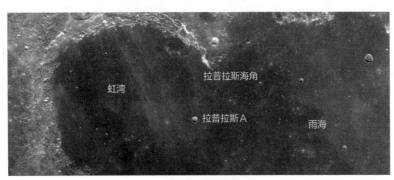

月球虹湾地区影像图

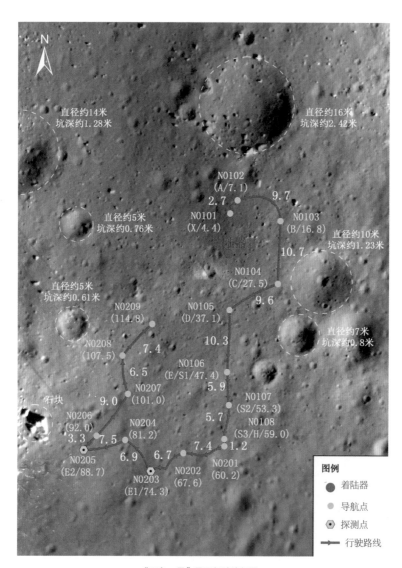

直径约14米
坑深约1.28米

直径约16米
坑深约2.42米

直径约5米
坑深约0.76米

N0102
(A/7.1)

2.7   9.7

N0101
(X/4.4)

N0103
(B/16.8)

直径约10米
坑深约1.23米

10.7

N0104
(C/27.5)

直径约5米
坑深约0.61米

9.6

N0209
(114.8)

N0105
(D/37.1)

直径约7米
坑深约0.8米

N0208
(107.5)

7.4

10.3

6.5

N0106
(E/S1/47.4)

N0207
(101.0)

5.9

9.0

N0107
(S2/53.3)

石块

5.7

N0206
(92.0)

N0204
(81.2)

N0108
(S3/H/59.0)

3.3

7.5

7.4   1.2

N0205
(E2/88.7)

6.9   6.7

N0201
(60.2)

N0202
(67.6)

N0203
(E1/74.3)

图例

● 着陆器

● 导航点

◉ 探测点

➤ 行驶路线

"玉兔一号"月面行驶路径图

科普时间

"嫦娥三号"

2013年12月14日，"嫦娥三号"载着"玉兔一号"安全着陆在月球正面雨海西北部的虹湾，成为中国第一个在月球软着陆的无人探测器。截至2020年10月10日，已经在月面安全运行累计2503天，成功完成85个月夜与月昼的"休眠"、唤醒，安全度过11次月食考验。

"嫦娥三号"承载着中国航天人的梦想，第一次实现了中国在月面的软着陆。如今，它又已成为全世界在月球上工作时间最长的探测器，飞控中心的长管团队会继续精心守护，我们的月球上的"老寿星"每一天都在创造新的世界纪录！

"嫦娥三号"

第2章
月面开车：驾驶员的修炼

　　2014年"嫦娥三号"任务结束后，飞控中心大部分成员转入了原定在2017年执行的"嫦娥五号"任务，而何时能够再次在月面驾驶"玉兔车"，一直是大家的一个心愿。2017年年初，当得知"嫦娥四号"任务正在论证并有可能在月球背面软着陆的消息后，飞控团队再次兴奋起来。还有什么能比重返月球、再次驾驶"玉兔车"在月面探秘更有挑战的工作呢？这一次他们要证明自己，但首先要做的就是持续不断地自我修炼，真正肩负起守护远在万里之外的"嫦娥"和"玉兔"的重任。

一、"玉兔"操作说明书

比起在月球轨道上飞行的"嫦娥"卫星，能够在月球上奔跑的"玉兔"无疑更能引起大家的兴趣。这个有6个轮子的小家伙是如何工作的，驾驶员又是如何操作的呢？远在38万千米外的月球表面，地球驾驶员要想操控"玉兔二号"，就必须要摸清它的"脾气"、熟悉它的构造，掌握一套全面的"玉兔"操作说明书。

8个分系统

"玉兔二号"是"玉兔一号"的升级版，比"玉兔一号"更轻盈、更自主、更"健壮"。"玉兔二号"体长1.5米，宽1.02米，高1.1米，体重约140千克，由结构与机构、综合电子、制导导航与控制（GNC）、测控数传、移动、电源、热控、有效载荷8个分系统组成，设计寿命3个月。

结构与机构分系统是"玉兔二号"的"躯干"，包括结构部分和机构部分。

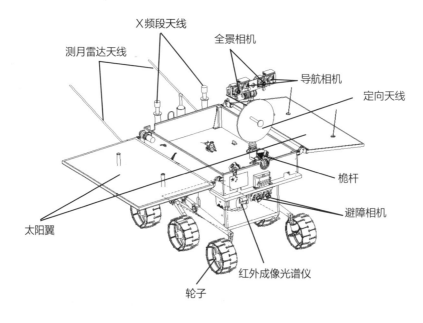

"玉兔二号"结构和机构分系统示意图

结构部分提供支撑和连接平台，是"玉兔二号"的"骨架"。机构部分包括太阳翼机械部分和桅杆、太阳翼机械部分支撑和转动太阳翼电池，是"玉兔二号"的"胳膊"；桅杆由展开机构、偏航机构、俯仰机构、桅杆体和云台等组成，是"玉兔二号"的"脖子"。"玉兔二号"上面安装着导航相机、全景相机和定向天线，通过桅杆的自由展开和定位，完成导航相机、全景相机成像和定向天线对中继星指向。

综合电子分系统是"玉兔二号"的"大脑"，由中心计算机、移动机构控制与驱动、遥控、遥测等模块组成，完成遥测、遥控、程控、热控、数据管理、器上时间基准等工作。

制导导航与控制分系统是"玉兔二号"的"小脑"，主要有2个导航相机、2个避障相机、2个太阳敏感器、激光点阵器和惯性测量单元。导航相机可以获取周围图像信息；避障相机可以看到车轮底下的障碍，和激光点阵器配合完成激光探测避障移动、自主规划避障移动。通过这个分系统工作，"玉兔二号"可以精准地移动。

测控数传分系统是"玉兔二号"的"耳朵"和"嘴巴"，由X频段测控设备及天线、UHF频段器间通信设备及发射天线等组成，主要功能是与"鹊桥"中继星、"嫦娥"着陆器或者地面测控站建立测控信道，接收指令并向地面发送遥测数据。

移动分系统是"玉兔二号"的"四肢"，包括车轮、行进驱动机构、转向驱动机构、差动机构、左摇臂和右摇臂等。"玉兔二号"的6个车轮都有驱动电机，其中前后4个车轮带转向功能，可以毫不费力地进行原地转向和行进间转向。

电源分系统是"玉兔二号"的"心脏"，包含蓄电池、太阳翼、唤醒负载及电源控制器，为其提供能源。它还是"玉兔二号"的"生物钟"，太阳光照射到太阳翼上发电达到一定功率后，"玉兔二号"就会自主唤醒。

热控分系统是"玉兔二号"的"衣服"，主要包括热控涂层、多层隔热组件、薄膜加热器、热敏电阻、两相流体回路、同位素热源等，天热时是"空调"，天冷时是"暖气"，是"玉兔二号"克服月球昼夜约300℃温差的法宝。

有效载荷分系统是"玉兔二号"的"十八般兵器"，主要由全景相机、测月雷达、红外成像光谱仪、中性原子探测仪等组成，以完成月面的各项科学探测任务。

6只眼睛

在地球上开车，司机需要用眼睛来看清周围的路况；在月面上漫步，月球车也需要用"眼睛"来观察陌生的环境，那么月球车的"眼睛"是怎样的呢？

月球车上安装有3对眼睛，共6只，它们分别是2部全景相机、2部导航相机和2部避障相机。其中，全景相机和导航相机安装在月球车桅杆的顶部，通过控制活动机构可以使得它们在偏航和俯仰方向运动实现不同区域的360°成像。

避障相机以固定俯仰角度安装在月球车的前面板上，采用的是鱼眼镜头，水平视场能达到120°，能清楚地看清月球车车体正前方的地形，从而有效避免了导航及全景相机在较近范围内的视野盲区。避障相机还可以对车体前方探测目标进行高精度成像定位，在"嫦娥三号"执行任务的过程中成功地配合机械臂完成了对月表物质成分的探测。

4位"科学家"

"玉兔二号"上搭载了4位特殊的"科学家"，以执行月表形貌与地质构造调查、月表物质成分和资源勘察、月球浅层内部结构探测等科学探测任务。这4位"科学家"分别是全景相机、红外成像光谱仪、测月雷达和中性原子探测仪，与载荷电控箱一起构成"玉兔二号"的有效载荷分系统。

全景相机

首先介绍第一位"科学家"——全景相机。它由左右两台一模一样的相机组成，距离月面高度1.5米，和一个成人眼睛离地面的高度差不多。两个相机之间的距离为270毫米，也类似于我们的眼间距，能够实现三维立体成像。跟随月球车对巡视区进行近距离勘测，从而仔细观察月球的地形地貌。全景相机具有全色和彩色两种成像模式，可以实现从月球车轮下到月球边际线的高分辨率清晰成像。

红外成像光谱仪

在这4位"科学家"中，红外成像光谱仪是唯一一位研究月球矿物组成的"科学家"，它位于月球车的正前方，可以通过接收月表物质反射的红外光谱分析物质成分。红外成像光谱仪由可见红外成像光谱仪、短波红外成像光谱仪和定标防尘组件构成。依靠月球车的移动能力，在到达指定科学探测点时，红外成像光谱仪会对月球车前方0.7米的月表进行精细光谱信息获取。

测月雷达

月球车上搭载了一位具有"透视"功能的"科学家"——测月雷达，它通过电磁波对月球浅层地质结构进行探测，透视月球表面下的真相。测月雷达具备两个通道同时工作的模式，第一通道天线安装在月球车后部的顶板下侧，第二通道天线安装在月球车底部的底板下侧，用于土壤层厚度的高分辨率探测。搭载在月球车上，它就可以进行"移动办公"了，能将所到之处100米左右深度的月壤及浅层地质结构等信息勘察得一清二楚，就像给人体做B超一样，能够透过表面看内在，从而获得一幅幅地下目标的剖面图像。

中性原子探测仪

中性原子探测仪这位"科学家"可是"中瑞混血"，是中国与瑞典研究者们精心培养的"栋梁"。它通过探测月球表面的中性原子和离子，能够探知太阳风如何作用于月球表面。如果把月球比作一个天然实验室，太阳风和月球表面的相互作用就可以运用到其他行星体上，为我们提供更多的科学数据。

一个机械臂[①]

降落在月面上的月球车肩负着很多月球探测任务，它要对身边的新奇物质进行分析和研究。这时候，月球车的"手臂"就派上用场了。就像我们有

---

① 机械臂曾在"玉兔一号"上使用，"玉兔二号"取消了机械臂。

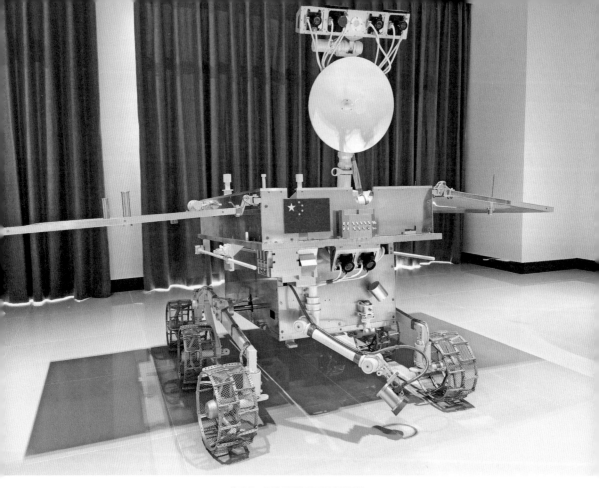

"玉兔一号"模型展示机械臂投放

肩关节、肘关节、腕关节一样，月球车的"手臂"由基座、肩部方位关节、肩部俯仰关节、腕部俯仰关节、伸展臂、锁紧释放机构和电缆等组成。基座被用来固定机械臂，肩部方位关节、肩部俯仰关节和腕部俯仰关节都是用来调整末端的粒子激发X射线谱仪的，这个神奇的仪器可以对月表的物质元素进行分析和探测。

二、打造遥操作控制平台

俗话说"工欲善其事，必先利其器"，远在38万千米之外操作这么复杂的月球车，没有一套精心设计的遥操作驾驶平台是无法完成的，对飞控中心的遥操作团队来说，相比于他们擅长操控的轨道航天器，驾驶月球车无疑是一项全新的挑战。

"玉兔"工作日程表

"玉兔二号"像人类一样可以在月球背面完成"观察""行走""工作""吃饭""睡觉"等5种典型的行为，飞控中心遥操作团队通过合理安排上述行为序列完成月球车月面巡视探测工作。

感知模式完成对环境的"观察"，导航相机加电工作，拍摄大量图片并下传到飞控中心，通过分析这些数据可以确定月球车当前所在位置并绘出三维数字月面地形，之后就可以对行走和探测路线做出路径规划；

移动模式完成"行走"，"玉兔二号"接收并执行飞控中心发出的控制指令，到达规划的导航点，运行过程中根据需要"玉兔二号"可以自主完成局部路径规划；

探测模式完成"工作"，"玉兔二号"所携带的有效载荷设备加电工作，获取科学探测数据，并下传到飞控中心；

充电模式完成"吃饭"，"玉兔二号"调整航向角和太阳翼指向，实现对日定向，"玉兔二号"保持静止状态，蓄电池组开始充电；

休眠模式完成"睡觉"，"玉兔二号"完全断电不工作，月昼转月夜模式完成进入"睡眠"过程，月夜转月昼模式完成从"睡眠"状态醒来的过程。

"玉兔二号"的简要工作流程图如下：

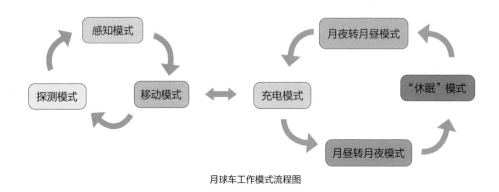

月球车工作模式流程图

"玉兔"眼中的世界

人类从外界获取的信息有80%来自视觉，对于月球车来说也是这样的。月球车车头上的两对相机就是它的"眼睛"，视觉成像是它感知的主要方式。一般而言，"玉兔车"每到达一个位置后会利用导航相机对周围进行环拍，形成序列图像后传回地面，地面操作人员进行月面三维重构，生成高分辨率的地形产品。

有了这些基础的地形数据，驾驶员们仿佛身临其境，能清楚地了解月球车周围的地势环境，包括坡度大小、有没有障碍物、障碍物的大小、距离障碍物的远近等，然后为"玉兔车"设计一条安全的行驶路线。

要完成以上的任务，首先得搞清楚自己的地理位置，这样驾驶员才能准确地为下一步的行程进行规划。其中，要运用到"双目"视觉定位技术，利用安装在月球车上预先精确标定的"双目"导航相机在不同位置成像，通过模拟人眼把这些图像中共同的点、线、面等特征自动提取出来，通过这些特征点的三维空间关系获得月球车的精确位置。

如下页图所示，其中红色的方框表示两个位置成像的重叠区域，白色线条连接的点表示同名特征点。

其次，还得清楚周围的地形，这依靠的就是三维重构技术。三维重构的精

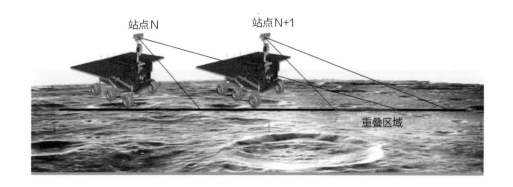

月球车"双目"视觉定位示意图

科普时间

"双目"立体视觉

　　"双目"立体视觉是机器视觉的一种重要形式，是基于视差原理，利用摄影机系统在不同位置对被测物体进行立体成像，通过计算图像对应特征点间的位置偏差，以获取物体的三维几何信息的方法。其过程一般可分为以下几个步骤：摄像机标定、图像获取、特征点提取、图像匹配及三维重建。

度直接影响驾驶员对地形复杂程度的判断和路径的选取，稍有不慎就可能会在阴沟里翻船，所以其中的每一环节都尤为重要。第一步——拍照获取图像。在经过一次次调整和探索尝试后，摄影师们积累数据经验，初步形成了曝光参数数据库，能够一次性准确地选取曝光参数。第二步——图像匹配。在获得了一张张清晰的原始图像后，根据每两幅图像的重叠区域进行匹配。在这个过程中，需要精准识别每一块石头和每一个撞击坑，确保能够"高保真"地恢复地形。这一步简直就是安全驾驶月球车的生命线！

有了这两大技术的强有力的支撑，"玉兔二号"才能真正用"火眼金睛"看清自己位于月背上的地点，才能丈量月球背面，为人类探索浩瀚宇宙打开一扇窗。

软件设计师还给月球车开发了一款制图软件，它具有图像拼接融合功能，可以360°展示月球车周围的月面世界。它还能把月球车计划走的和已经走过的路程在地图上清晰地标出来，这样月球车的行动就一目了然了，科学家和控制人员最需要这种图像了。它的高级功能包括能够绘制月面上的等高线图、坡度图，标示月球车可以活动的安全区域，有了这些信息，操作人员对月球车的"一举一动"都尽在掌控。在本书后文中，大家会多次看到这个软件生成的产品。

为"玉兔"指路

月球车看到了眼前的世界，可是它怎样才能寻找到通往目标的路，这是月球车遥操作软件要解决的一个关键问题。寻找可行的路不仅受制于月球车的体形大小、轮子的动力，还取决于周围地形起伏的情况。软件的开发设计需要机械结构、电力驱动、图形学分析等多学科专业知识，每一个因素都是一个深奥的学科。飞控中心软件支持团队的设计师把这些跨多个学科的知识融合到一起，开发出了最优化的感知分析与路径规划算法。

"玉兔""三步走战略"
为了完成这个"高大上"的任务，设计师们制订了"三步走战略"，即月面环境图生成、移动路径搜索和上行控制参数计算。

　　"玉兔"所在的环境是实际的月面物理环境，而进行路径规划需要将物理环境抽象为能被计算机理解和表达的环境模型，就是指根据已知的环境信息，通过提取和分析相关特征，将其转换成可供搜索的连通图，这个过程就是"三步走战略"中最关键的一步——生成月面环境图。

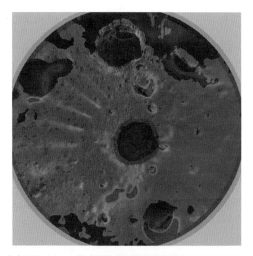

图为全景地形产品，将生成的高分辨率环境代价图和正射地形图叠加在一起的显示效果，红色为边界或者障碍区域，蓝色是危险区，黄色是代价较高区域，驾驶员应尽量选择颜色较浅的地形行驶。

　　获得月面环境图后，移动路径搜索就是要在环境图中，根据已知的当前点和目标点的位置，搜索从当前点到目标点的最优或次优可通行路径。当路径搜索结果不令人满意时，可调整若干环境参数，迭代进行月面环境图生成和移动

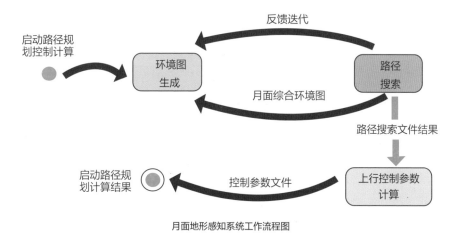

月面地形感知系统工作流程图

路径搜索。最后根据路径搜索结果及控制方式计算得到"玉兔"移动所需的控制参数，当然，太阳光照条件和对地通信条件也不能忽视。

为了让月面环境图更加精准，设计师们使用了"数字栅格"技术，并精确计算每个栅格的坡度、坡向。除了不可翻越的陡坡，对凹凸不平的"搓板路"，设计师们用"粗糙度"来衡量这个指标。对月球表面分布着的很多零散"绊脚石"，采用图像边缘检测的方法提取这些阶梯障碍。综合考虑"玉兔"的体形和移动误差，设计师们会适当膨胀障碍，使"玉兔"能够远离障碍，以确保移动过程的安全性。膨胀是将与物体接触的所有背景点合并到该物体中，使边界向外部扩张的过程。

与人相比，计算机在低维度空间具有很强的寻优能力。然而，限于真实环境而难以准确描述，由机器规划出来的最优路径从人的角度看可能并不是最优的。为了能规划出更接近人类思维的满意路径，可将人的高层决策以导引点和排斥点的形式添加到月面环境模型中，以实现以人为主、人与机器共同协作的智能路径规划。人工导引点是人为添加到月面环境图中，期望"玉兔"通过的点像一块带有引力的磁铁。人工排斥点是人为添加到月面环境图中，排斥"玉兔"通过的点，像一块带有推力的磁铁。

"最强大脑"

飞控中心与月球车相隔那么远，对月球车周围环境的了解也只能通过下传的少量图像来实现，那么怎么保证驾驶员们发出的动作指令是正确的、动作序列是合理的呢？万一在动作执行过程中断电了或者通信链路被遮挡了，遇见这样不按照"剧本"走的情况该怎么办呢？不用担心，因为月球车在飞控中心有一个"最强大脑"——遥操作任务规划系统，每一个动作指令都是经过它的精确计算和规划得出的。

根据初始条件和确定目标，满足各种约束条件，找出合理的动作序列，最终形成正确、可用的指令计划，我们把这类工作称为任务规划。这是人工智能领域的一个重要分支，飞控中心的专家们经过反复研究设计，找到了3种解决方法：动作规划、分层任务网络和时态规划。

动作规划

要想让人工智能实现对动作的规划，就要先让它充分了解每个动作的执行条件和效果，这也是人脑在安排计划时最先考虑的。举一个简单例子，月球车常见的动作包括移动、感知、探测、充电等，如果想让月球车移动，就要先想到能量够不够、帆板角度是不是合适等问题。而在移动之后，我们又会想，一旦到达下一个位置，月球车的姿态和航向合不合理。从一个初始状态开始，选择不同的动作会产生各种不同的状态，在每种状态下都可以找到明确的动作继续执行下去。生成的状态会越来越多，但只要一直找下去，总会找到我们想要的最终状态，这时我们从头到尾选择的路径就成了理想的动作序列。

这确实是一种解决方法，但状态空间在搜索过程中是呈指数级增长的，简单的搜索不可能迅速找到结果。因此，飞控专家们针对搜索方法提出了各种各样的启发式算法。就像一个人在迷宫里找路，他只能远远地看到出口处的标志，那么我们在每一步选择进哪个门时不是每次都从最左边开始试，而是先从离出口标志方向最近的门开始试，这样往往能大幅提高搜索速度。当我们明确了动作条件、执行效果、初始状态、目标状态和启发式算法后，任务规划的核心问题就解决了。

分层任务网络

分层任务网络是一种改进后的动作规划方法。在动作规划里会出现一个问题：当每个动作执行结束时，我们需要把所有的可能性筛一遍，再找出所有可行的后续动作，进行逐一尝试，这就导致了状态空间的指数级膨胀。如果能定义一些明确的动作组合就会让搜索效率大幅提高，这种动作组合就是分层任务网络提出的方法。每一种方法都是专家综合考虑多个动作的条件和效果，最后给出的动作组合建议。这是专家经验的体现，显然比通用的启发式算法更有效，所以可以把分层任务网络看成"动作规划+专家知识库"。

时态规划

时态规划是这3种方法中最复杂也最强大的方法，我们可以把它理解为在多个时间轴上处理动作规划。每个动作在时间轴上都是一个线段，为了避免一个时间轴上的动作重叠，也为了便于分析，可以根据需要设定多个时间轴。当多个动作散布在多个时间轴上时，任务规划问题就变成如何挪动这些动作线段，使其满足特定的要求。任务规划问题变成了求解不等式方程组的问题，也就可以用人工智能领域的约束满足问题理论进行求解了。这些就是"最强大脑"的3种思维方式，驾驶员正是运用它们有效地解决了月面任务规划的难题。

打造一只"虚拟兔"

方案有了、软件有了、人员有了，可是怎样对遥操作软件进行测试检验呢？又如何训练驾驶员呢？如何让任务软件运行时有真实的数据反馈，使遥操作人员有身临其境的驾驶体验，这个问题就要交给飞控中心仿真系统的专家们解决了。

仿真系统工作人员

他们精心研制了一套被称为"数字月球驾驶训练场"的仿真系统，虽说是仿真系统，实际上可一点都不少。活蹦乱跳的"虚拟兔子"、复杂多变的月面地形、随时间变化的阳光、太空的"鹊桥"中继星、地面的测控网等全都包含在这个数字驾驶训练场里。

为了构建"虚拟兔子"模型，仿真专家首先用三维模型搭建了"兔子"的外形，包括了各活动机构、关节、车轮等；然后通过真实"玉兔车"的动力学和运动学原理建立了运动模型，也就是告诉"虚拟兔子"该怎么动；最后，专家们在"虚拟兔子"模型内部建立了一套语言系统，这样就可以让"兔子"和真月球车一样说话（下传遥测），听懂操作手的指令（上行遥控）。

经过上面整个过程，"虚拟兔子"就可以真实地模拟"玉兔车"的各种动作了。行走——原地转向、盲走、自主避障、直接驱动一样不差；通信——定向天线、全向天线、UHF天线都齐全，遥测信息分毫不差；拍照——"玉兔"的各种相机也都有，拍出来的照片在分辨率、焦距、亮度、色彩、对比度上和真实照片一模一样；充电——只需要使太阳翼对着太阳，能充多少电都算得出来；"休眠"——不就是头高尾低吗？高低几度都能精准模拟。

月面地形仿真模型使用"不规则三角网"的方法描述月面地形数据，通过月面地形仿真模型可以根据训练的需要模拟出各种类型的月面地形。想在松软的地方驾驶一下看看车轮会不会陷下去，我们就会把月壤调得软一些；想试试在崎岖月面开车的感觉，我们就会仿造一块坑坑洼洼的路面，保证你有避不完的石头和陨石坑；想练练极限坡道起步，马上做出一块拥有15°坡的地形；想体验在月球上最可能遇到的情况，则可以按照着陆区的统计特征随机生成一块相似的地形。

光照仿真模型通过计算月球绕地球和地球绕太阳的运行轨迹来推导不同时间的光照方位角和高度角；"鹊桥"中继星可以充当"虚拟兔子"和飞控中心间的传话筒；地面测控网模型可以精准模拟出测控站什么时候能看到"兔子"、什么时候看不到"兔子"。

这些还不够，为了让驾驶员更真实地投入到训练中，仿真专家还有更高超的"绝技"，运用虚拟现实技术，将训练环境打造得足够以假乱真。三维投影、立体眼镜、操作手柄……只要能让训练更真实，所有高科技体验都统统用上。

想不想亲手开一开月球车

看了前面这些内容，你一定觉得驾驶月球车太难了，普通人怎么可能过上一把开车瘾呢？飞控中心的软件专家们想到了这一点，他们设计开发了一套手控驾驶系统，它的模样就像普通汽车的驾驶台，有方向盘能控制月球车的行进方向，有加速手柄能控制车的运动速度。这使驾驶月球车能像开普通汽车一样，由控制人员手把方向盘操控6轮驱动的月球车。

利用这个手控驾驶系统操控月球车方便多了，软件系统把方向盘的转动信号采集处理后发送给月球车车轮的转向系统，把加速手柄的控制信号传送给驱动月球车车轮的电信号。这样，月球车就会乖乖服从地面的控制命令，控制人员便能随心所欲地驾车了。这个系统还有一个亮点，那就是操控台上设计了一个宽大的屏幕，操控人员可以用第一视角的模式实时观察月面的三维场景，从而使在月球上"开车"变成现实。

手控驾驶系统对"玉兔车"正样产品进行了驾驶试验，验证了遥操作软件的手控驾驶能力。相信在后续"玉兔车"的月面巡视中，手控驾驶系统将会大显身手。

手控驾驶系统实物图

三、神秘的内场

当然，仅有地面数字仿真系统还是不够的，如何从物理条件上真实模拟"玉兔"在月面上将要遇到的复杂恶劣环境，对产品的设计和操作性能进行真实的检验，构造最接近实际月面条件的模拟环境进行验证显得尤为重要。为考核探测器在复杂月面、低重力条件下的移动和控制性能而建立的月球地貌试验场被称为内场。

现在就来为大家揭秘内场的四大重要法宝。

法宝一：模拟月壤

模拟月壤是对真实月壤化学成分、物理力学性质等方面研究之后，通过多种手段而人工制作的高精度产品。那么模拟月壤是如何合成的呢？

根据对月壤研究分析的结果，经过化学成分方面的反复比对发现，长白山区域火山灰的矿物组成与月壤比较接近。因此，模拟月壤选取了我国吉林省辉南、靖宇地区（长白山区域）的玄武质熔岩作为原料。在物理力学性质方面，通过对采样研磨加工，控制土壤颗粒直径和粒度分布的方式，将土壤研磨成不同粒径，然后通过一定比例混合来构建覆盖真实月壤的粒径范围。最终通过这样的方式为"玉兔"打造出了具有极高还原度的月壤环境。

内场试验环境

法宝二：模拟失重环境

如果你看过电影中航天员在月球行走的片段，会发现航天员在月面行走时几乎是跳跃的姿态，那是因为月球引力只有地球的1/6。要想模拟出与月球一样的失重环境，就要用到低重力模拟装置。

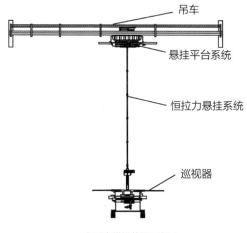

低重力模拟装置示意图

通过低重力模拟装置，可以在车上面施加一个反向的拉力，以抵消5/6的引力，这就是悬挂起吊的方法。模拟装置由悬挂平台系统、恒拉力悬挂系统、悬架配重机构、地面综控系统和轮压标定系统等组成。通过在顶板、主副摇臂上增加配重，调整吊丝受力点等措施，保证巡视器的每个车轮与地面的作用力在平面行驶、爬坡以及越障等各种动态情况下均与月面行走相同。

法宝三：模拟光照

"玉兔"上的众多设备都与光紧密相关，例如用于路径规划的导航相机和避障相机，用于科学探测的全景相机，用于确定自身姿态的太阳敏感器。这些设备或依赖太阳光工作，或对光极为敏感，所以必须把光照条件考虑在内。但月球没有大气层，所以月球上的太阳光和地球上的也不一样。

打造这样的灯光条件就要靠模拟灯阵来实现，内场中的模拟灯阵采用多种

内场模拟灯阵

光源的复合组阵技术，实现了对月球表面太阳光谱成分和不同太阳高度照射情况下的覆盖。这样，"玉兔车"在内场也可以像在月球上一样"晒太阳浴"了。

法宝四：精密定位定姿系统

内场中还有一个非常精密的设备，它能精确地给出内场中设备的位置姿态，我们可以判断内场中的"玉兔"走到哪里了、走了多少米、走的什么方位、朝向哪个方向。内场的这个系统将室内高精度导航、激光雷达技术引入实验测量，提供一个对位置、姿态的精确测量能力。

2018年10月，飞控中心的驾驶员们来到这个"地球上的月球"，并在它的辅助之下，对"玉兔二号"的功能、性能和地面的遥操作系统进行了一次全面系统的检验。利用模拟月壤整备地形，布置陨石坑、障碍物和斜坡，开启模拟灯阵，悬挂起吊"玉兔二号"，启动精密定位定姿系统，这样一个"真实"的月面就展现在了大家眼前。在这里，设计师和驾驶员们为登陆月背做了充分的"热身"运动，对"玉兔"的移动能力、科学探测能力、通信能力和整器性能有了更全面的了解，驾驶员们充分"试驾"之后就待上路检验了。

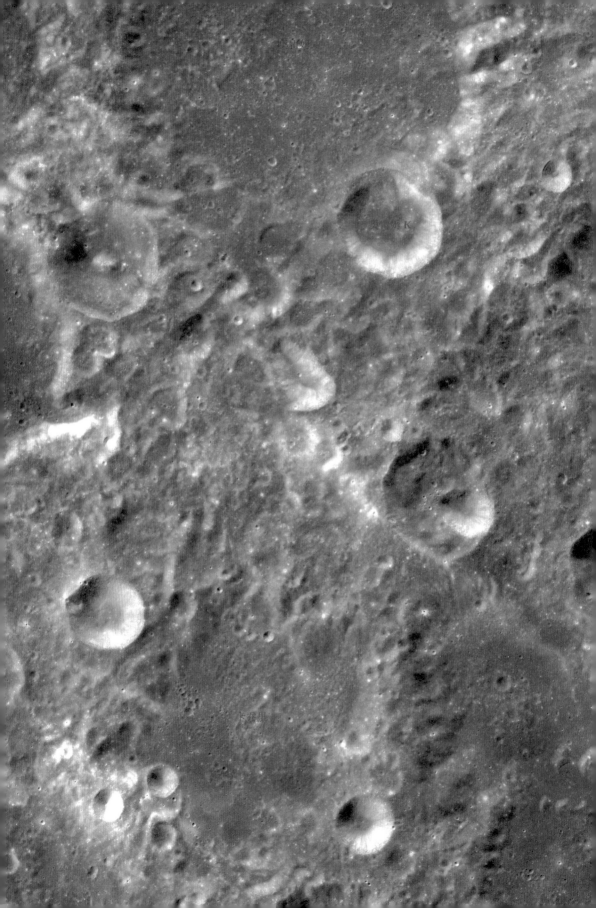

第 3 章

通往月之暗面：登月准备

1959年，人类探测器首次登陆月球。1969年，美国宇航员阿姆斯特朗在月球上留下了人类的第一个足印。可是月球背面却从来没有人类到访过。在英文单词中，月背是"far side"或"dark side"，足见其神秘。由于月球背面一直背对着地球，人们始终无法窥其一角，因此也产生了很多有意思的想象和推测，有人说那里是外星人的基地，有人说那里有UFO。同样，中国航天人也对这一神秘之地充满向往。

一、定了，去月背

2013年12月，"嫦娥三号"成功着陆在月球正面虹湾地区，而"嫦娥四号"落在月球哪里，却引起了科学家们不少争论。经过反复论证，"嫦娥四号"选择降落月球背面这一大胆的计划被提了出来，选择月球背面最重要的原因有3个：

第一，更为吸引人的科学探测价值。与月球正面不同，月背地形更为崎岖，几乎全是环形山和古老的陨石坑。"嫦娥四号"计划着陆的月球背面南极艾特肯盆地是太阳系第二大超级陨石坑，更接近月球最原始的情况。登陆月背开展月背巡视区地形地貌、浅层结构和矿物成分探测，将为人类研究月球矿物质结构和太阳系起源提供更丰富的第一手资料。

第二，更为纯净的空间电磁环境。由于月球自身的遮挡，月球背面有天然的"屏障"，没有来自地球的一系列辐射干扰，有着无与伦比干净的空间环境而适合开展各类天文观测，可以充分弥补地面射电观测存在的诸多空白。

第三，更强的科技引领力。登陆月球背面是极具想象力和巨大勇气的科研实践，可以催生并推动一系列高新技术的快速发展，让我国诸多科技获得重大升级，对我国的科技创新与发展产生积极而深远的影响。

既然"嫦娥四号"确定要登陆月背，那落脚点到底选在哪里呢？经过反复考量，我国的科学家们将这个落脚点选定在冯·卡门撞击坑。

冯·卡门撞击坑是为纪念20世纪最伟大的航天工程学家之一冯·卡门而命名的。说起冯·卡门，很多朋友可能并不熟悉，但说起钱学森，大家肯定不陌生。钱学森是我国著名的科学家，被誉为我国的"航天之父"。而冯·卡门就是钱学森的授业恩师，被誉为"航空航天时代的科学奇才"。

一个以科学奇才的名字命名的撞击坑，注定是不平凡的。虽然这里的地形相对平坦，有利于探测器成功着陆，但是依旧危险丛生。美国《福布斯》网站曾刊文称"'嫦娥四号'探测器成功降落在冯·卡门撞击坑的概率只有50%"，充分说明了"嫦娥四号"平稳降落于此的难度。

前方风险虽在，但我们的探索决不会因此停止，"嫦娥四号"的月背之旅即将从这里开始。为了能准确在冯·卡门撞击坑内的平坦地带着陆，确保"嫦娥四号"既不会掉进坑的坑里，也不会被山体遮挡，飞控专家们对其预定着陆点附近的地形进行了深入分析，制订了各种可能情况下的应急处置方案，还专门提出了月球背面天际线测量计算方案，制订了判断通信遮挡情况的联合解决方案。这一系列完备、周密的方案，为"嫦娥四号"降落在冯·卡门撞击坑铺平了道路。

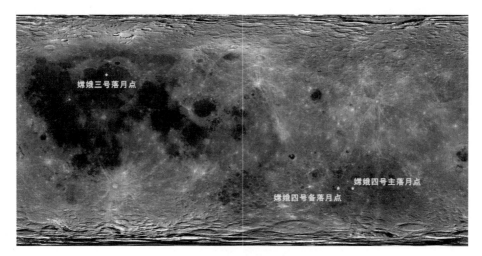

"嫦娥四号"着陆区示意图

主备两个着陆区

为了确保万无一失，我们为"嫦娥四号"精心选择了一主一备两个着陆区。

主着陆区位于冯·卡门撞击坑东南部，坡度平均值为2.51°，最大值为48.97°，坑底直径约140千米，撞击坑深度约5千米，中央峰高度约1.55千米。

备用着陆区位于主着陆区西侧，坐落在克雷蒂安撞击坑内，坡度平均值为2.54°，最大值为41.63°，坑底直径约125千米，撞击坑深度约1.8千米，坑没有中央峰。

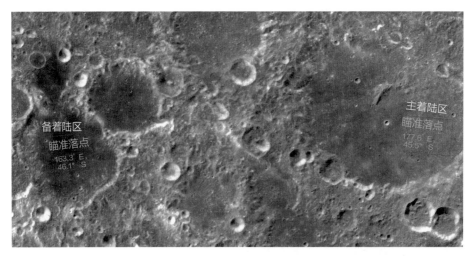

"嫦娥四号"主、备着陆区示意图

在"嫦娥四号"任务中，主着陆区是主用落区，在应急情况下会选择备用着陆区，主、备着陆区之间的距离是435千米。然而，这两个着陆区都只会经过一次，这意味着"嫦娥四号"着陆主备两个着陆区，分别各有一次机会。

当"嫦娥四号"准备实施动力下降前，飞控中心会根据遥测数据信息对探测器工况进行最终判断。若出现影响动力下降和着陆安全的故障，地面须紧急取消本次动力下降，控制探测器重新进入正常轨道运行状态，并立即进行故障处置，推迟一天重新进行动力下降，控制"嫦娥四号"着陆至备用着陆区。

科普时间

为什么在月球背面需要测量天际线

天际线就是我们平时所说的地平线,它明确了空间背景与月面实体的分界线,可用于刻画地形遮挡情况。分界线以上的目标(如太阳、中继星)与观测所处位置具备通信与光照可见性,但当目标位于分界线以下时,目标与观测所处位置不具备通信与光照可见性。

由于"嫦娥四号"降落区周边是高大的撞击坑,边缘会对太阳升起和降落时照射"玉兔二号"的时间带来影响。"玉兔二号"是通过太阳光照被唤醒执行任务的,在其左太阳翼上安装了一个唤醒装置,一旦太阳相对于该装置的高度角达到某一数值,它就会被唤醒。但"玉兔二号"唤醒前,其蓄电池必须进行一段时间受晒预热,若不满足要求,"玉兔二号"就会由于无法获得能源而面临着无法启动的风险。

因此,必须进行精确的天际线测量计算,以确定"玉兔二号"所处位置的日出时间,合理安排好"玉兔二号"的姿态,使其以最佳的能源状态唤醒。

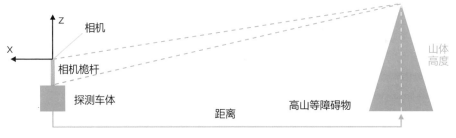

天际线测量示意图

冯·卡门撞击坑

冯·卡门撞击坑位于月球背面的南极艾特肯盆地中部,该盆地是已知太阳系最大、最深和最古老的撞击盆地,直径为2500千米,形成于40多亿年前,并可能暴露月幔物质,为探测月球深部物质提供了天然窗口。冯·卡门撞击坑是艾特肯盆地中比较典型的地貌类型,存在了大约36亿年,其保存了原始月壳的岩石,并可能含有水,具有极高的科学研究价值。

二、地月信使"鹊桥"中继星

由于天体"潮汐锁定"效应，月球只能正面对着地球，一旦"嫦娥四号"降落在月背，由于月球自身的阻挡，地球上的测控站无法与月球背面建立无线电通信，也无法对飞越或着陆月背的航天器进行测控。形象地说就是月球背面不在地球的通信服务区。这个问题不解决，月背着陆是不可能的。解决方案是什么？那就是中继星。

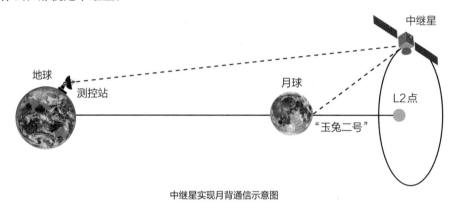

中继星实现月背通信示意图

我国发射的第一颗月球中继卫星名为"鹊桥"。在我国古代神话里，"鹊桥"是农历七月初七喜鹊为牛郎和织女相会搭建起的一座爱之桥。而"鹊桥"中继星作为一座连接地球和月背的"通信基站"，恰恰如同一个特殊信使，让月球背面的"嫦娥四号"和地球紧紧相连。

科普时间
为什么在地球上只能看到月球正面

很多人都有一个疑问：我们在地球上为什么看不到月球的背面？这是因为地球和月球之间实现了"潮汐锁定"，就像我与你之间有一个吸引力，但是我前胸受到的吸引力和后背受到的吸引力是不一样的，就会导致每天像是有人在牵扯我，慢慢会让我的自转和公转速度相同。被地球"潮汐锁定"的月球绕自转轴旋转一圈的时间等于绕地球公转一圈的时间，这种同步自转导致月球始终以一个半球固定不变地朝向地球。

月球的引力会引起地球上每天两次涨潮和两次退潮，我们称之为潮汐，不仅地球上的海洋会有潮汐，其实地球的岩石圈每天也会起伏60厘米，这叫固体的潮汐。"潮汐锁定"这种天文现象实际上在太阳系的天体里面比较常见，例如太阳和水星、行星和卫星之间。

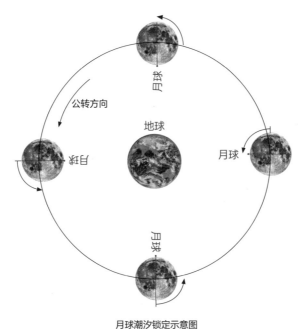

月球潮汐锁定示意图

"鹊桥"搭在哪里比较好

要探月背，"鹊桥"先行。然而，茫茫太空，我们究竟要把这座"鹊桥"搭建在哪里，才能更好地满足任务需要呢？

"嫦娥二号"在拓展任务中到访了日－地L2点，而这一次轨道专家们选择了地－月L2点，也就是月球外侧，地球和月球的引力平衡点。由于平动点具有特殊的动力学特性和相对固定的几何位置，使它在中继通信、天文观测、星际转移等深空探测任务中，具备良好的工程应用价值。

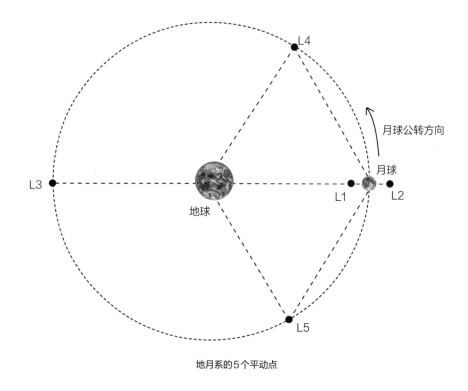

L4

月球公转方向

月球

L3 .... 地球 L1 L2

地球

L5

地月系的5个平动点

"鹊桥"虽然选择了L2点，但是不等于简单地飞到L2点就行了，毕竟地－月L2点也被月球挡住了，无法实现通信。所以，我们要做的是让"鹊桥"中继星围绕L2点在一个轨道上进行长期飞行。

从天文学上讲，绕地－月L2点飞行的轨道有李萨茹轨道、Halo轨道、李雅普诺夫轨道等。在"嫦娥四号"任务中，我们最终选择了Halo轨道。这个轨道是绕L2点飞行的一个周期轨道，从地球往月球方向看去近似一个椭圆形。

选定了轨道还要确定轨道的振幅。如果振幅太大，轨道的上半部分位置距离月球太远，会导致月球车接收信号困难；如果振幅太小，轨道上会出现较多、较长的阴影，导致"鹊桥"低温、发电不足，更不用说振幅过小还会进入月掩。飞控轨道专家们经过计算分析，最终选择了振幅1.3万千米的Halo轨道，有效避免了上面可能出现的问题。

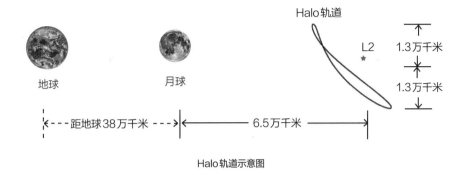

地球　　　　　　　　　月球

<- - - 距地球38万千米 - - -><- - - - 6.5万千米 - - - ->

Halo轨道

L2

1.3万千米

1.3万千米

Halo轨道示意图

如何飞往 Halo 轨道

解决了"鹊桥"中继星的工作轨道问题后，下面要考虑的就是怎样飞往 Halo 轨道了。飞控轨道专家们给出了3种方式：直接转移、低能转移和月球引力辅助变轨转移。这3种方式各有利弊。

第一种是直接转移轨道。与地－月转移轨道类似，只是它的远地点会更远。因此，"鹊桥"中继星出发时所需的能量比地－月转移轨道大得多，而且当它到达地－月 L2 点时进行捕获控制，需要的速度增量也更大。

第二种是低能转移轨道。这个轨道虽然所需的速度增量小，但是近地点出发时需要的速度较大，且转移时间一般长达3～6个月。将来如果需要运载大量物资到月球，倒是可以采用这种方式。

第三种是月球引力辅助变轨转移轨道。"鹊桥"在飞行至近月点时，通过借力月球来改变轨道，飞向地－月 L2 点附近。在到达地－月 L2 点附近时，可以不经过变轨或只需要很小的速度增量就能让"鹊桥"进入环绕 L2 点的 Halo 轨道。

通过3种方式比对分析，第三种转移方式在时间和节省能量上最优。

精确捕获Halo轨道

2018年5月21日5时28分，我国首颗月球中继星"鹊桥"搭乘"长征四号丙"运载火箭从西昌卫星发射中心发射升空。

根据发射前轨道设计方案，"鹊桥"要经过12次轨道控制，历时近25天，才能到达距地球44万千米之外的使命轨道——Halo轨道。对"鹊桥"来说，飞向地－月L2点的太空之旅是一场无法回头、没有补给的远征，一旦踏上旅途，所携带的每一克燃料都弥足珍贵，直接决定它的寿命。

5月25日，经过4天的飞行，"鹊桥"成功实施近月制动，顺利进入月球至地－月L2点的转移轨道。

科普时间
借力飞行

借力飞行也叫引力辅助变轨。通常情况下，我们一般会采用霍曼转移轨道从一个天体到达另一个天体。尽管霍曼转移是一种很省燃料的方式，但也需要大量的火箭推进剂，这直接提高了航天任务的成本。很多情况下，仅仅依靠火箭来提升卫星的速度，根本不能完成航天任务。

所幸的是，航天器在太阳系飞行时，可以借助各个行星的引力来获得"免费"的速度改变量。借力飞行就是利用行星的引力场和轨道速度来"拉"航天器。航天器可能被行星加速、减速或仅仅改变方向，这跟航天器与行星的最近距离和进入方向有关。距离越近则改变效果越大，当航天器飞行方向与行星基本相同并从后方飞越时，航天器会被加速，从行星获得更多能量。

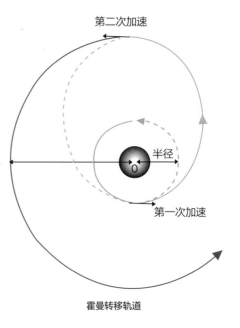

霍曼转移轨道

按照计划，"鹊桥"发射进入地－月转移轨道后，首先要通过3次轨道维持，不断修正它的飞行轨道。由于前2次轨道维持控制得非常精准，第3次轨道中途修正成功取消。

经过2次中途修正，"鹊桥"顺利沿地－月转移轨道到达近月点。飞控中心根据计划实施了1次近月制动，让"鹊桥"成功借助月球引力飞向了Halo轨道。这一次控制同样精准得让人惊叹，后面2次计划中的月球至地－月L2点的中途修正控制也顺利取消。

在至关重要的Halo轨道捕获控制阶段，飞控中心轨道专家们为了提高捕获控制精度，进一步节约燃料、提高寿命，自主研发了一套捕获控制优化软件，根据"鹊桥"的实际飞行情况，反复优化计算模型，最终只用3次捕获控制就实现了原计划5次控制的效果。

6月14日，经过飞控中心5次精确轨道捕获控制，"鹊桥"成功进入环绕距月球约6.5万千米的地－月L2点的Halo使命轨道，成为世界上首颗运行在地－月L2点Halo使命轨道的中继卫星！

轨道专家组在讨论轨道控制方案

12次轨道控制变成了5次，每一次控制都精益求精、"克克计较"，有效地延长了"鹊桥"的在轨寿命，为"鹊桥"增加了更多探索太空的时间和机会。

0.1°的偏差也不允许

成功发射"鹊桥"中继星并实现Halo轨道捕获，我国拥有了连接地球和月背的"信使"。然而，这只是胜利的一小步，要让"鹊桥"真正地发挥桥梁作用，成为一名合格的"信使"，还有很多难题需要解决。

"鹊桥"中继星要想发挥出数据传输"信使"的作用，必须具备两个条件：首先，"鹊桥"的伞状大天线要准确指向地面测控站或"嫦娥四号"；其次，要成功建立与地球和"嫦娥四号"的通信链路。

达成这两个必要条件，有4个关键要素：地球位置、月球位置、"鹊桥"位置、天线指向。如果有一个要素出现误差，"鹊桥"就无法正常建立地面与月背的通信链路，也就无法发挥"信使"作用。

相对于地球位置和月球位置来说，"鹊桥"位置是实时变化的。为了得到任意时刻"鹊桥"在Halo轨道上的准确位置，早在任务开始前，飞控轨道专家们就对包括太阳光压、运动规律等在内的影响因子进行了反复建模分析和计算，获得了精准的数据信息。

"鹊桥"成功入轨后，飞控专家们开始对指向天线的指向进行反复在轨测试。这是一个需要精细和耐心的技术活，飞控中心经过连续4天10余种工况的在轨指向测试，将指向偏差控制在0.1°左右。在日常生活中，不到1°的偏差几乎可以忽略不计，但对于精准度要求极高的航天工程来说，哪怕是0.1°的偏差都将直接影响通信是否畅通、信号质量的好坏，进而决定通信链路能否正常建立。

在飞控大厅紧张工作的飞控人员

光压影响也不能忽略

"鹊桥"有一个展开后口径约4.2米的伞状抛物面天线，这是目前人类深空探测历史上最大口径的卫星通信天线，它为"鹊桥"和地球之间铺设了一座宏伟的桥梁，让遥远的星地距离变为大道通途，每时每刻将宝贵的科学数据从广袤的太空实时送达地面。

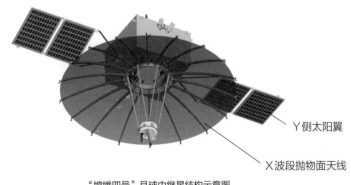

Y侧太阳翼

X波段抛物面天线

"嫦娥四号"月球中继星结构示意图

然而，这把"金色的大伞"也给"鹊桥"的在轨飞行带来了新的挑战——太阳光压。不知大家想过没有，阳光也有推力。别看这推力值小到令人难以置信，但随着时间的推移，这种微弱的压力也会慢慢地把"鹊桥"从轨道上推开，偏离正常的运行方向。它会直接影响"鹊桥"在Halo轨道上的控制精度，造成频繁的动量轮卸载，从而增加轨道维持次数，缩短"鹊桥"在轨寿命。

　　为解决这个难题，飞控轨道专家们凭借多年与毫米、微米级别的精度指标"斗争"的丰富经验，研究出了新的维持轨道和调姿控制方法，通过定期的动量轮卸载，让这个"金色的大伞"不乱动。

　　"鹊桥"终于不再乱晃了，轨道维持周期由原来的5～7天延长至最长18天，这意味着"鹊桥"的在轨寿命由设计寿命3年提升到了15年！

三、首个环绕月球的微卫星

2018年5月21日，跟随"鹊桥"中继星一起发射升空的还包括由哈尔滨工业大学牵头研制的"龙江一号"和"龙江二号"两颗微卫星。

这是我国首次发射环绕月球轨道的微卫星，并将首次采用双星编队飞行的方式，在月球背面开展超长波天文观测工作，具有较高的科学价值。

"龙江二号"微卫星

紧急抢救

5月22日凌晨3时54分，飞控中心按计划启动卫星5牛推力器，开始进行第一次中途修正，点火过程中卫星一切正常，但点火结束后，测控站报告卫星信号突然消失，飞控中心组织地面测控设备反复进行应急搜索，但再也没有能够跟踪到"龙江一号"。

"龙江一号"的丢失，让飞控中心和研制人员痛心不已，也让他们在"龙江二号"的跟踪和测控上更加谨慎、更加专注。按照计划，要于5月23日对"龙江二号"进行第一次中途修正控制，虽然控制策略很快就一致通过了，但是在讨论测控站使用方案时，专家们却发生了争论。

鉴于"龙江一号"丢失的教训，考虑到深空站大口径天线接收信号更为稳定、跟踪更为准确，测控系统总指挥建议，"龙江二号"第一次中途修正期间调用我国最大口径深空天线——佳木斯66米天线提供测控支持。但不同意见认为，使用深空站天线会占用跟踪"鹊桥"中继星的资源。讨论会上，双方各执一词，互不退让。经过一番激烈的争论后，最终同意了增加佳木斯深空站为"龙江二号"中途修正提供应急测控支持的方案。

5月23日19时52分0秒，微卫星"龙江二号"正常转入轨控定向模式，第一次中途修正即将开始，飞控大厅里鸦雀无声，所有人都期待这次控制能够顺利实施。

20时0分0秒，发动机正常点火，"龙江二号"第一次中途修正开始。14分钟后，飞控中心根据遥测信息判断轨控正常结束。

然而，正当大家紧张的心情慢慢放松下来的时候，"龙江二号"突然出现姿态失稳的情况，正在跟踪的青岛测控站跟踪信号随即中断。飞控中心立即组织实施应急处置，并切换至喀什站发送指令。然而，不幸的是喀什站跟踪也很快中断了。

"佳木斯深空站跟踪信号正常！"紧要关头飞控大厅里一句嘹亮的调度声打破了现场的沉寂，也给所有人注入了一针强心剂。

"切换测控站，使用佳木斯深空站发令。"测控系统总指挥给北京总调度下达了命令，沉稳的声音中带着一丝激动。

地面根据遥测数据判断，星体角速度已经达到400转/秒，超出惯测组件角速度阈值，由于卫星姿态情况已经无法正常下传，为此必须尽快定位卫星是围绕哪个轴向旋转角速度超限。

此刻，卫星电源的电量已经下降到60%，如果不尽快解决故障，卫星将可能就此"休眠"，永远无法启动。飞控大厅里气氛凝重，所有人都心悬一线，默默地祈祷"龙江二号"能够平安。

经现场紧急研究，决定反复发送惯测组件加电指令，通过惯测组件启动瞬间的遥测，以判断卫星姿态。经过4次反复加电后，地面准确判断出了卫星绕-Y轴方向旋转超限，并立即将卫星设置为地面测试状态，利用人工发令方式控制卫星姿态。

飞控中心现场生成应急注入数据,首先启动5牛推力器对卫星消旋,虽然起了作用,但是效果不够明显。随后,地面决定启动20牛推力器,开机10秒时间,这次"龙江二号"的角速度开始明显下降,并逐渐进入正常状态。

"龙江二号"卫星抢救过程中

22时57分,根据遥测信息判断,"龙江二号"各轴角速度数据输出正常,卫星恢复到正常状态。随后,地面发送指令,控制"龙江二号"转入对日三轴稳定姿态模式,能源恢复平衡。

飞控大厅里爆发出了经久不息的掌声,经过近3小时的紧急抢救,飞控中心准确发送500多条指令,"龙江二号"终于转危为安。大家为这次成功的紧急抢救而欢呼,为调用佳木斯深空站的正确决策而感到庆幸。

完美合影

2018年5月25日22时,在飞控中心的精确控制下,"龙江二号"成功实施近月制动,进入预定的环月轨道,成为全球首个独立完成地月转移、近月制动、环月飞行的微卫星。

"龙江二号"的抢救成功有着极大的科技价值和意义。它搭载了由中国科学院国家空间科学中心研制的低频射电探测仪和由沙特阿拉伯阿卜杜勒阿齐兹国王科技城研制的月球小型光学成像探测仪（光学相机）等科学载荷。5月26日，低频射电探测仪首次开机，全面开展全天空辐射谱等试验与科学研究。5月28日，沙特光学相机首次开机，成功获取了月球表面的可见光图像。然而，大家一直没有合适的时机拍摄高清地月合影。

"龙江二号"拍摄的地月合影

经过计算，初次试拍定在了6月5日23时57分。在这个时间点进行拍摄，能够同时拍到月球和地球。飞控中心操控团队与哈尔滨工业大学的研制人员强强联手，拍摄工作实施非常顺利。地面完成图像数据编译处理后发现，图片很清晰，地球和月球都拍摄到了，但美中不足的是地球有大面积云朵，把陆地海洋都遮挡住了。

近期还有没有更好的拍摄时机？大家带着同样追求完美的心态，着手开始制订新的拍摄方案。这一次考虑的因素更复杂，要把沙特阿拉伯半岛也拍摄进去，并且天气不能是多云。相信用沙特相机拍摄一张能看到沙特的高清地月合影将会有特殊的意义。

飞控中心开始了新一轮的计算，拍摄时间锁定在了6月8日13时29分。经过新一轮的编排计划、指令发送、图像下传、编译处理等工作，地面终于获得了满意的高清地月合影图像。

2018年6月14日,我国与沙特在北京联合举行的沙特月球小型光学成像探测仪的图像联合发布仪式用的就是这张照片!

中沙两国联合对外发布沙特相机拍摄的月球图像,这是中国与"一带一路"沿线国家在航天领域合作取得的又一个成果,极大地提升了我国在深空探测领域的国际影响力。

最后的使命

2019年7月,"龙江二号"这颗质量仅47千克、设计寿命仅1年的微卫星已经超期服役两个多月了,其在轨各项任务已经圆满完成。

为了担负起航天大国的责任,不在月球轨道上留下"中国碎片",飞控中心决定将"龙江二号"微卫星转移到自然陨落轨道,让它受控撞月,撞月时间定于2019年7月31日。

7月31日晚,飞控中心长管厅内座无虚席,工程领导、飞控中心、中科院的科学家、哈尔滨工业大学的老师和同学们都汇集在这里。

"龙江报告,申请发送飞轮卸载指令!"哈尔滨工业大学试验队最后一次喊出"龙江"的口令。那一刻所有的人都沉默了。

"风萧萧兮易水寒,壮士一去兮不复返。"那一刻,人们看不到"龙江二号"在38万千米之外的月球上受控陨落的景象,但一定能想象到那代表航天大国形象的完美一撞扬起的月球尘埃。

轨迹不会因告别而淹没,辉煌不会因离去而消散。从出发到离去,"龙江二号"累计运行436天。在此期间,飞控中心组织对"龙江二号"测控跟踪500余圈,发送遥控指令3000余条,注入数据将近20000帧,圆满完成了超长波观测试验、沙特相机成像试验等一系列科学试验任务,第一次实现了在地月距离上卫星和地面的通信。

"龙江二号"虽然停止了运转,但人类探索太空的脚步不会停歇。"玉兔二号"将在月背之上留下更多的"中国印迹"。

指令名称	发令时间	执行测站	着陆时刻	北京
代传指令	10:45:55	喀什深空	2019-01-03 10:26:24.323	2019-
代传指令	10:49:59	喀什深空		
定向天线压紧点解锁	10:49:59	喀什深空	月面工作时间	10:5
车轮压紧点解锁1	10:57:35	喀什深空	000-00:24:39	
车轮压紧点解锁2	11:00:15	喀什深空		

预选主着陆区

N

(178.80° E, 45.00° S)

(177.6° E, 45.5° S)

50千米   (178.80° E, 46.00° S)

箭箭分离时刻
2018-05-21 05:54:20.541
运行时间
227-04:56:42

跟踪目标	运行圈号	跟踪测站	跟踪开始	跟踪结束
中继星	15	喀什深空	08:20:00	17:28:00
中继星	15	喀什	10:00:00	17:33:47
中继星	15	佳木斯深空	10:21:00	12:57:59
中继星	15	纳米比亚	10:44:16	23:44:46
中继星	15	阿根廷深空	16:02:51	06:05:00

着陆器:光学成像敏感器新电
着陆器:定向天线压紧点解锁

降落相机

第4章

登陆月背：惊心动魄72小时

　　2018年12月8日2时23分许，"嫦娥四号"搭乘"长征三号乙"火箭，从中国西昌卫星发射中心发射升空，开始奔向月球背面。12月12日，"嫦娥四号"经过约110小时奔月飞行，到达月球附近，并在飞控中心的精确控制下成功进入环月飞行轨道。回首"嫦娥四号"登陆月背的旅程，看似一切都很顺利，实际上一波三折，有很多让人惊心动魄的故事。

一、不平凡的登月之路

意外发生

俗话说，天有不测风云。"嫦娥四号"的奔月之旅完美开局后不久就出现了突发状况。

2018年12月8日上午9时，正当飞控专家们审议第一次中途修正控制策略时，一个紧急情况传到了会场，探测器燃料意外泄漏。初步计算的燃料损失量已经远超推进剂设计余量，这意味着如果还按照前期反复论证和演练的轨道控制方案，"嫦娥四号"将无法安全落月，从而直接导致整个任务前功尽弃。

这时现场一名专家提出，如果把每个阶段的预留余量都拿出来，还差将近10千克燃料，建议从动力下降的燃料中再抠出10千克进行补充。对此，飞控中心主任、"嫦娥四号"任务测控通信系统总指挥坚决反对："动力下降关系落月安全，别说10千克了，就是1克也不能抠。"总指挥的态度不容置疑，但他也同时给出了另外一个解决方案："整个轨道控制方案是飞控中心轨道专家组和探测器系统共同设计的，现在最好的方法是让他们重新设计一个更安全的控制方案。"

这一次，还能去月背吗？

轨道重构

由于月背地形远比月球正面复杂，为了确保安全，工程总体要求"嫦娥四号"按照定时、定点着陆的方案实施动力下降。相对于"嫦娥三号"任务，这次"嫦娥四号"的月背软着陆控制精度要求更高了，然而燃料却几乎没有冗余，这意味着留给飞控中心进行轨道控制设计的空间很小。

早在任务准备阶段，轨道专家组就经过反复研究论证，提出了一种新的联合优化控制技术，既能保证各个阶段定点、定时着陆的控制，还能为"嫦娥四号"的动力下降提供更多的推进剂节余。

有了联合优化控制技术作为基础，故障通报后不到2小时，轨道专家组就给出了一套初步可行的应急轨道重构方案。在之后的几天里，他们通宵达旦地连续奋战，一边对方案进行反复推敲、改进优化，持续减少控制量，一边用改进的联合优化控制计算软件分析验证，一套精确成熟的轨道重构设计方案终于如期交付，并顺利通过了评审。

由于奔月途中出现了燃料泄漏，地月转移轨道不得不取消7500牛大推力发动机开机进行推力标定的计划。由于无法进行在轨推力标定，7500牛发动机推力评估不准将可能造成撞月的风险。

为了避免出现这个问题，新的控制方案对近月制动轨道控制目标进行了调整，首先把"嫦娥四号"控制到100千米×430千米的目标轨道，以确保在考虑7500牛发动机推力偏差较大的情况下不会撞月。在后续环月修正时，再将探测器控制到100千米×100千米的环月近圆轨道。这种控制策略有效解决了7500牛发动机制动的安全性问题，同时可以检验发动机的工作状态。

飞控中心与探测器系统专家研究控制方案

令人惊叹的是，直到2019年1月3日实施动力下降时，"嫦娥四号"仍有近3千克的推进剂节余，没有动用1克动力下降燃料。

然而，此时专家组提出了一个新的疑问：探测器一共有4个燃料储箱，包括2个氧化剂贮箱和2个燃烧剂储箱，分布在探测器两侧，由于一侧的燃烧剂出现了泄漏，探测器重心发生偏移，产生了较大的干扰力矩，影响落月的安全性。这又给飞控中心出了一个大难题，经过反复研究，最终决定在两次环月轨道修正时采用单个氧化剂贮箱和单个燃烧剂储箱供给的方案，以修正燃料储箱不均衡的问题。

同时，为了保证两个氧化剂储箱消耗的一致性，对第一次环月轨道修正的轨道目标再次进行调整，改为"两步走"方案：第一步是在第一次环月轨道修正时将"嫦娥四号"轨道从100千米×430千米调整到100千米×260千米的椭圆轨道；第二步是在第二次环月修正时再将轨道调整为100千米×100千米的近圆轨道。而且每次都使用单侧储箱工作消耗较多的一侧，从而达到重心调整的目的。这样的控制方案既解决了燃料储箱重心不平衡的问题，还能保证动力下降时刻不变。

精确瞄准落点

根据飞控中心制订的轨道修正方案，"嫦娥四号"将于第二次环月轨道修正8天后到达冯·卡门撞击坑的预定区域。

事实上，"嫦娥四号"从中国西昌出发，经过连续25天几十万千米的长途旅程，历经坎坷，一波三折。最终，在飞控中心精准的控制下，它到达冯·卡门撞击坑上空预定动力下降点时与计划时间仅仅差了19秒，按时到达预定终点。

动力下降是一个自主导航、自主避障的过程。"嫦娥四号"自身携带着高精度的陀螺和加速度计等惯性测量元件，可以精确测量动力下降过程中的位置、速度和姿态等参数的变化量。然而，要想实现精准落月的预定目标，有一个关键的前提因素就是精准的动力下降导航初始参数。这组参数是动力下降起始时刻的位置、速度和姿态，也是"嫦娥四号"后续自行计算导航参数的初始值。

密切监视卫星状态的飞控人员

经过第一轮计算分析和数据比对，"嫦娥四号"落点纬度偏差为0.01°。虽然这个数值远优于任务指标，但是飞控中心轨道团队认为这个偏差超出了正常比对范围，是由轨道复核双方计算模型和实际存在不一致造成的，还可以更精确。为此，飞控中心轨道团队利用探测器系统给出的数据信息进一步优化和修正计算模型，将落点纬度偏差缩小为0.001°，精度提高了整整10倍。

至此，降落月球背面的各项准备工作已经就绪，只等"嫦娥四号"落月时刻的到来。

二、惊心动魄72小时

环月降轨

从距离月球38万千米之遥的地球到距离月背100千米的环月轨道，"嫦娥四号"离月背越来越近了。

根据既定方案，"嫦娥四号"要从距月面15千米处开始动力下降。因此，飞控中心首先要对它进行环月降轨控制，将"嫦娥四号"的飞行轨道从100千米×100千米的圆形轨道调整为100千米×15千米的椭圆轨道。

飞控大厅内紧张工作的飞控团队

实施降轨控制前，飞控轨道专家们经过反复测算发现，按照当前的飞行状态，"嫦娥四号"虽然可以准确进入动力下降的起始点，但是时间上会比预定计划晚50秒。尽管这个时间满足不超过1分钟的误差约定，完全在可控范围内，但飞控轨道专家们综合考量后续可能产生的控制误差，决定再次调整环月降轨控制策略，进一步提高控制精度，修正时间偏差。

2018年12月30日8时53分许，"嫦娥四号"发动机点火，按照飞控中心新制订的策略实施15千米环月降轨控制。5分钟后，轨控标定结果显示，"嫦娥四号"成功进入100千米×15千米的环月椭圆轨道。根据最新的轨道参数推算，"嫦娥四号"进入动力下降起始点的时间偏差不会超过20秒，远远满足任务精度要求。

倒计时6小时

2019年1月3日凌晨4时左右，距离"嫦娥四号"实施动力下降还有6小时。

又一个新的情况出现了，根据最新地形文件及动力下降打靶分析结果，发现预定着陆点附近的地形不利于探测器落月，需要将落点位置向南调整1.7千米。

根据"嫦娥四号"运行轨道分析，只能通过调整动力下降时刻来规避不利地形。轨道专家组立刻展开"动力下降时刻对落点影响"的分析。调整参数、

飞控大厅内的指挥调度人员

输入模型、计算分析……在不到10分钟的时间里，一个将动力下降时刻推迟1秒钟以实现落点向南调整1.7千米的崭新方案出炉，并交由任务现场的飞控组专家们审议确定其可行性。

凌晨5点，新的动力下降注入数据迅速生成并通过复核，一切准备就绪。

2019年1月3日上午10时15分，激动人心的时刻终于到来了，动力下降开始的指令从飞控大厅里发出，通过"鹊桥"中继星，发送至远在38万千米之外的环月轨道上的"嫦娥四号"，7500牛变推力发动机准确开机，动力下降开始。

此时，"嫦娥四号"在距离月背表面15千米的近月点以大约1.7千米/秒的速度环月飞行，在7500牛发动机反推作用下，相对月球的飞行速度正逐步下降。

约5分钟后，"嫦娥四号"携带的降落相机开机，图像通过"鹊桥"中继星

"嫦娥四号"动力下降过程拍摄的图像

传回地面，此时，它已经可以清晰地看见月背这片神秘之地了。38万千米外的飞控大厅里，大家都屏住呼吸，紧盯着眼前的巨型液晶屏，期待着能够尽快亲眼见证降落月背的壮观景象。

月面越来越近，2019年1月3日10时26分，"嫦娥四号"稳稳地落在月球背面南极艾特肯盆地内的冯·卡门撞击坑内，中国成为世界上第一个成功实现月球背面软着陆的国家！

经过飞控中心的精确计算，中国首次获得"嫦娥四号"的落月点的坐标为东经177.57°、南纬45.46°，这也是人类首次到达月背的精确位置坐标，在人类探月征程中具有重要的里程碑意义！

"嫦娥四号"月球背面着陆点

科普时间

"嫦娥四号"的着陆点坐标是怎么计算出来的

"嫦娥四号"要着陆月球背面，由于月球遮挡，传统的测距、测速及甚长基线干涉测量技术在"嫦娥四号"动力下降阶段无法发挥作用，整个降落过程中无法获得无线电的定位结果。因此，基于视觉的定位技术成为"嫦娥四号"着陆点快速、高精度定位的主要技术手段。基于视觉的定位技术此前还从未应用于实际工程中，"嫦娥四号"是该技术的首次亮相。

在执行任务前，飞控中心利用"嫦娥二号"获取的高分辨率数字正射影像图（DOM图），制作了覆盖范围约51千米×30千米的无缝高精度预选着陆区高清底图，为"嫦娥四号"基于视觉的着陆点定位及着陆区的地形分析提供了重要的基础数据。

获得了着陆区高清底图后，接下来的工作就是运用计算机视觉技术将着陆过程中的降落序列图像与着陆区高清底图进行匹配，从而求解着陆点的位置信息。由于着陆过程实时下传的降落图像斑块效应严重，我们在匹配定位处理前引入抛物线模型对图像进行了增强处理，有效提升了图像质量。

2019年1月3日10时23分03秒，"嫦娥四号"向飞控中心下传了其降落相机拍摄的月球背面的第一张图像，标志着"嫦娥四号"正在一步步地接近月球背面，后续"嫦娥四号"陆续传回多幅图像，整个过程约10分钟。

根据下传地面的图像信息可以判断"嫦娥四号"实际降落区域就在我们的预选着陆区高清底图内，具备定位条件。20分钟后，根据高压缩比的降落图像，飞控中心计算得到了初始落月位置。在"嫦娥四号"着陆后的第二天，即北京时间2019年1月4日，"嫦娥四号"再次下传了一部分低压缩比的降落图像。利用这些数据，飞控中心进一步精细化了着陆点的定位结果。

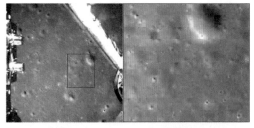

（a）原始图像　　　　（b）原始图像局部细节

（c）增强后的图像　　　（d）增强后的图像局部细节

原始图像及增强后的图像对比

三、月面释放

从"嫦娥四号"安全着陆月面那一刻开始，飞控中心的驾驶员立即进入了紧张的工作状态。现场的每个人都盯着屏幕上着陆器（"嫦娥四号"）和巡视器（"玉兔二号"）的位置姿态信息，偏航、滚动和俯仰角度都很理想，按照任务确定的"两器分离"10条准则，姿态这一关算是过了，可以按计划实施"玉兔二号"月球车月面释放后续程序。

所有可能都想到了吗

"两器分离"是决定"嫦娥四号"任务成败的关键环节。分离前后工作还有哪些问题？所有的可能都想到了吗？

在实施任务前，我们做了最坏的打算，如果一旦出现故障，不能实现"两器分离"，"玉兔二号"无法驶到月面，我们在"嫦娥四号"顶部也要完成拍照，并下传至地面。

"嫦娥四号"登陆月背时是南向着陆，"玉兔二号"要从"嫦娥四号"的南侧踏上月背。"两器分离"前会使用"玉兔二号"的导航相机对周边地形进行感知。最初设计的飞行程序中，只对"嫦娥四号"南侧（"玉兔二号"驶离"嫦娥四号"一侧）实施两次成像，每次成像的俯仰角度不同，分别用于看近处和稍远处，而不进行北侧地形感知。专家给出的理由是"玉兔二号"导航相机对南部成像主要用于"玉兔二号"驶离"嫦娥四号"做策略选择；导航相机如果360°环拍两圈，成像和下传耗时增加则会推迟"两器分离"时间，此时正值月午，担心"玉兔二号"散热不及时而发生故障。

我们当时分析必须进行360°环拍，如果不对"嫦娥四号"北侧及周边地形进行考察，将无法全面掌握"嫦娥四号"周边地形，若"玉兔二号"驶离"嫦娥四号"后按照错误方向环绕"嫦娥四号"，将严重影响月昼下午行驶到"嫦娥四号"北面完成"两器互拍"的任务。经与探测器系统专家分析研究，提出了

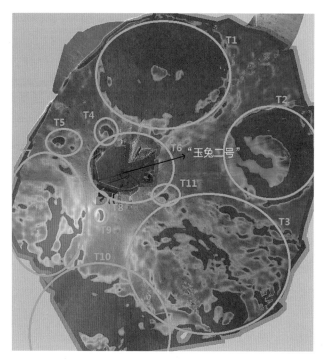

"玉兔二号"顶部环拍地形图

调整导航相机俯仰角度进行环拍一圈的策略，在不增加成像耗时的基础上，确保对南北向及周边环境的成像感知，一举两得。

按照制定的环拍策略完成"嫦娥四号"顶部环拍后，所有人都焦急地等待地形数据处理结果。2019年1月3日19时40分，地形产品终于制作完成。

从环拍成像结果上看，"嫦娥四号"南面东侧只有一个已经退化的撞击坑T3，地形条件可能比西侧更好，按照此前的后续移动策略，可能会选择东侧路径。但是从"嫦娥四号"北面看，东侧后续将无路可走，无法到达原定"两器互拍"点。当看到这张图的时候，所有人都惊出了一身冷汗。若是没有进行环拍，按原计划从东侧向北部绕行是极可能误入歧途的。幸好我们做出了正确的决定。

突如其来的多径效应

异常总是不期而遇，飞控中心在进行测控遮挡和驶离区域地形分析的工作时，突然发现"玉兔二号"全向天线B机AGC（自动增益控制）电平在太阳翼展开、桅杆展开、桅杆动作以及移动时都会产生波动，影响指令发送和遥测信息接收。由于整个过程都未发现天线遮挡，因此怀疑是由于"嫦娥四号"桅杆和定向天线反射的中继星电磁波造成了多径效应，由相位相反的反射信号抵消了部分直射信号的功率，造成接收信号减弱。

大家的神经一下子就紧张起来，如果"玉兔二号"不能正常接收地面遥控指令，就可能永远停在"嫦娥四号"的阴影里，如果出现这种情况，后果将是灾难性的。

定位分析完成后，最终决策将桅杆收拢以完成后续分离过程。2019年1月3日22时26分地面发令实施桅杆收拢，后续AGC电平虽仍有变化，但未再接近门限值，整个分离过程中继链路锁定正常，指令接收正常。"玉兔二号"终于"低着头"安全驶下"嫦娥四号"，大家都松了一口气。

"玉兔二号"收拢桅杆驶离"嫦娥四号"

向左还是向右

成功释放"玉兔二号"后，它向哪里走非常关键，既要尽快驶离"嫦娥四号"阴影区，又不能出现行走安全问题。"玉兔二号"有3个选择：直行、左转、右转。实际任务中，须对测控遮挡、阴影情况和月面地形进行综合判断，并最终确定驶离策略。

第一阶段决策：根据中继星的位置信息，"玉兔二号"随"嫦娥四号"的转移机构下降到月面上时，可能存在"嫦娥四号"对"玉兔二号"的测控遮挡。进一步分析表明，"嫦娥四号"南向的地形信息显示路径左转向和右转向均存在障碍，直行路径上无障碍。

因此，最后决策采用自主直行不避障的方式驶离。事实上为了确保万无一失，我们为防止出现控制系统故障，"玉兔二号"要一直开向前方的大坑，但为避免进入大坑，需要在"玉兔二号"安全驶离"嫦娥四号"后，地面立即发送遥控指令删除直行指令。

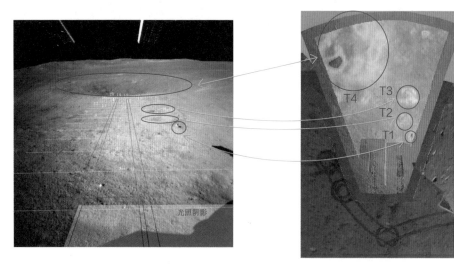

"玉兔二号"驶离路线规划

第二阶段决策：2019年1月3日21时58分左右，转移机构下降到月面，开始第二阶段决策过程，考虑"嫦娥四号"不遮挡"玉兔二号"中继链路，建议采用地面控制"玉兔二号"移动3000毫米的方式驶离转移机构。22时11分，最终驶离方式确认，地面删除了之前上注的自主直行走出阴影区的指令，采用地面控制方式驶离。

从上面的控制过程可以看出，控制方案虽然在任务前已制定完成，但在着陆月面后，须根据实际情况分阶段地不断进行调整，这也是月面遥操作的复杂之处。

A点成像

"玉兔二号"移动至月面到达X点后，马上开始了X点定位计算和X点向A点（"玉兔二号"在"嫦娥四号"南侧预定成像点）感知规划。在这一节点上，必须确保X点对A点完成感知且数据下传完成，并在下一次进站之前完成X点向A点移动规划。

"两器互拍"规划场景

开始实施X点对A点感知时距离出站设置还有2小时，X点对A点成像结果下传时距离出站设置还有30分钟。大家都盯着屏幕上一幅幅传来的图像。30分钟完成传图，时间上应该是够的，但是已经基本没有余量，如果传图期间发生任何一个意外，对整个工作计划就会产生较大的影响。

"玉兔二号"驶离"嫦娥四号"抵达X点("嫦娥四号"监视相机C摄），这是人类探测器在月球背面留下的第一履足迹。

时间一秒一秒地流逝，最后一幅图像下传完成之后，也到了该进行出站设置的时间，所有人的心都踏实了。突然，图像分析人员报告图像描述文件中成像机构角度信息查询数据库返回错误，无法自动生成图像描述文件。这又是一个始料未及的突发状况，若是图像描述文件无法建立，后面就没有办法生成地形图，会直接影响后续的路径规划工作。

经过分析，得知是备份节点上数据库存在异常，此时如果等待数据库恢复再自动生成描述文件显然已经来不及。大家在虚惊一场后，迅速开始一行一行地手动编辑生成图像描述文件，最终顺利完成了图像描述文件的编辑和校对工作，确保了进站前路径规划工作的完成。

由于时间紧迫，没来得及把"嫦娥四号"的桅杆直立，"玉兔二号"的这张"歪脖"照多少留下了一些遗憾，而这是"嫦娥四号"最后一次机会拍摄"玉兔二号"顺光正面照。

"玉兔二号"A点"定妆照"（"嫦娥四号"地形地貌相机摄）

科普时间

月球车为什么要"午休"

当太阳在月球上升到最高点前后，月午来临时，月球表面气温达到最高，"玉兔二号"表面的温度将超过100℃。此外，再加上真空和强辐射等极端环境，如果月球车在此时运行，可能会导致设备故障和车体受损。

"玉兔二号"在月午前会转动车头向西，并进入最小工作模式。最小工作模式是只保留综合电子分系统、电源分系统、测控分系统工作的基本要求，关闭其他所有设备，从而更好地进入月午"避暑"。进入最小工作模式后，地面若是发现车体温度仍然很高，会竖起太阳翼进行"遮阳"降温。

四、"嫦娥"登台表演

"嫦娥"抱"玉兔"，翩然落月宫。2019年1月3日，"嫦娥四号"成功登陆月背。1月4日晚，在飞控中心的控制下，"玉兔二号"顺利进入午休状态。此时，人们将目光从"玉兔"身上转移到了"嫦娥"的身上。此时，"嫦娥"在忙什么呢？

长袖善舞

"嫦娥四号"代表人类探测器第一次登陆月背，其携带的装备自然不同凡响，其中就有我国自行研制的低频射电频谱仪。

低频射电频谱仪主要用来探测波长10米及以上的低频电磁波。这类电磁波几乎无法穿透大气层进入地球，因此月球所处的空间环境就是一个绝佳的观测场所。特别是由于月球自身遮挡的原因，在月球背面可以更好地屏蔽来自地球的射电干扰，从而获得最佳的观测效果。

"嫦娥四号"携带的这台低频射电频谱仪包含3根长长的天线，每根展开后长度可达到近5米。"玉兔二号""午休"时，月背已经接近正午时间，在炎炎烈日的照射下，低频射电频谱仪的温度已经接近正常工作温度的上限，必须尽快将3根天线解锁展开，否则十分怕热的天线将无法正常工作了。

可是这么长的天线，地面怎么才能知道它们有没有正常展开呢？"嫦娥四号"在这方面早有准备，它搭载了一台地形地貌相机，这台相机能够通过承载它的机构完成转头、抬头或者低头等动作，即使360°环拍也不在话下，从而可以轻松地拍摄到天线展开的全过程。

1月4日0时13分，飞控中心开始组织低频射电频谱仪天线解锁展开工作，展开共分两步实施。第一步首先解锁1根天线，地形地貌相机设置为动态摄像模式，对天线展开过程进行动态成像。

第二步要一次解锁2根天线，过程与首次展开基本相同。至1时19分，全部天线均正常解锁，整个低频射电频谱仪天线解锁展开及地形地貌相机成像过程持续约80分钟。

此后，地面按计划控制低频射电频谱仪完成了低频信号探测试验。试验结果表明，低频射电频谱仪工作正常，为后续获取宝贵的空间低频电磁数据奠定了坚实基础，也将有效填补地月射电天文观测上的空白！

天线全部展开后的"嫦娥四号"，就像挥动着流光溢彩的水袖的嫦娥，准备开始翩翩起舞！

已经全部展开的"嫦娥四号"低频射电频谱仪天线

首张月背全景图

试想一下，站在月背之上，环顾四周，看到的将是一幅怎样的景象呢？这次，透过"嫦娥四号"的"眼睛"——地形地貌相机，人类终于可以近距离一睹美丽的月背风光了。

2019年1月6日，飞控中心按计划实施"嫦娥四号"地形地貌相机环拍计划。大家下定决心，不论拍摄过程多么复杂、困难，也一定要获得一张月背全景图。

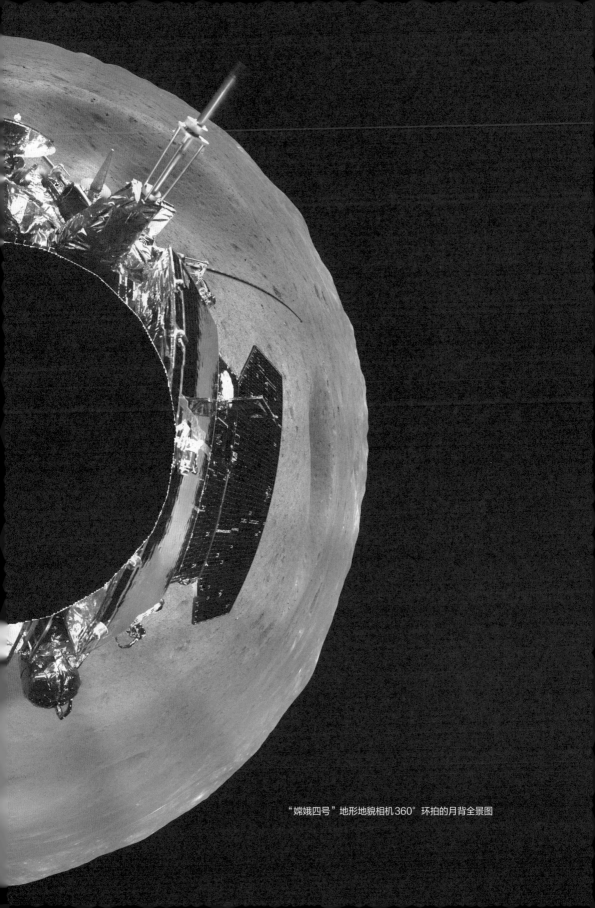

"嫦娥四号"地形地貌相机360°环拍的月背全景图

1月6日11时17分，环拍的时刻终于到来了。地形地貌相机顺利完成了俯仰角度为0°、-15°、-30°和-45°共4个圈次的环拍及图像下传，每次环拍的偏航角度间隔18°，共进行20个角度拍摄，全部图像均正常。

1月7日下午，飞控中心又组织实施了补充环拍，完成了俯仰角度为-60°和3°共2个圈次的环拍，每次环拍的偏航角度间隔18°，共进行20个角度拍摄。

经飞控中心拼接处理，第一张月背全景图展现在飞控大厅的大屏幕上。原来，月背的风光也格外迷人啊！

五、"两器互拍"

"两器互拍"是"嫦娥四号"着陆月背过程中的一场重头戏，也是"嫦娥四号"任务宣布圆满成功的重要任务目标。"玉兔二号""午休"结束后，飞控中心的遥操作团队将一刻不停地驾驶"玉兔二号"向"嫦娥四号"北侧预定"两器互拍"成像点进发。

路径策略

首先，驾驶员要根据之前"玉兔二号"在"嫦娥四号"顶部环拍的图像，选择合适的"两器互拍"点，按照预先设计的方案，"玉兔二号"要沿着A-B'-C'-D-E的顺序绕"嫦娥四号"西侧走，也可以沿着A-B-C-D-E的顺序绕"嫦娥四号"的东侧行走，"两器"在D、E两个点完成"两器互拍"工作。由于"嫦娥四号"带有国旗的一面朝向正北侧，而正北侧有一个大坑，无法在原定互拍点实施"两器互拍"，所以只能在"嫦娥四号"西北侧寻找一个新的互拍点D'。

为了达到互拍需求，并且考虑互拍后月夜"休眠"需要，这个点还必须满足4个条件：一是"两器"之间要大于一定的距离，"玉兔二号"才能把"嫦娥四号"拍完整；二是"玉兔二号"必须能清晰地拍到"嫦娥四号"北面的国旗，因此其位置不能太靠西；三是适合"休眠"或附近有适合"休眠"的地点；四是存在从规划初始位置A点到D'点的路径，并且在规定的时间内可以到达。

在确定了从两侧绕行后，经过对环拍图反复核算，D'点的位置最终确定了下来。下一步就要以D'点为目标，进行"玉兔二号"从当前位置A点运动到目标探测点D'的探测周期规划和导航单元规划。主要是规划"玉兔二号"运动途中经过的导航点和须执行的行为序列，包括感知、移动、探测、充电等；生成各种行为的控制参数，诸如两个导航点之间的行驶路径、太阳翼控制策略及参数、航向角控制参数等。

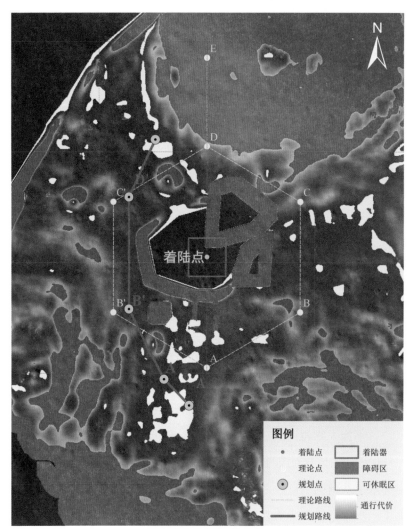

"嫦娥四号""两器互拍"周期规划图

随机应变，省出6小时

驾驶员们在做"两器互拍"整体规划时给出了从初始位置A点经过B'和C'两个路径点到达互拍点D'的方案。但在进一步做周期规划时，受地形复杂性影响，无法按照飞控程序预设的各点位置进行设计。若"玉兔二号"由A点直接到B'点风险太大，根据地形情况，考虑在A和B'之间增加一个A'点。

规划路径投影示意图（红色、蓝色曲线）

驾驶员们控制"玉兔二号"顺利到达A'点后又重新实施了感知成像，获取了A'点周边地形信息，并据此对B'点的位置选择进行了更新确认。由于互拍要赶在月昼下午完成，时间比较紧迫，因此选择B'点位置时，驾驶员们必须考虑两个因素，首先A'点可安全移动至B'点，其次B'点尽量靠近D'点，以提升移动效率，为完成互拍争取时间。

经过一系列精心的规划设计，驾驶员们最终选定了一个合适的B'点。"玉兔二号"从A'点移动到B'点，所走路程为8.47米。同时，B'点到D'点的直线距离为7米左右，根据"玉兔一号"任务复盘得到的安全驾驶准则，7米路径在"玉兔二号"单次行走范围之内，在路况可行的情况下，可以取消C'点，直接选择D'点。

正是从A'点移动到B'点的关键一步，驾驶员们可减少一次从B'点到C'点的规划和移动，为月昼下午完成互拍节省出近6小时的时间。这6小时非常关键，为后续反复调整最佳拍摄角度和曝光量的试拍工作争取了时间。

"玉兔二号"到达拍摄点附近，回头望一眼车辙，这是一个缓坡，大约5°。

拍摄点附近车辙（"玉兔二号"导航相机拍摄）

在D'点的拍摄

2019年1月11日，"嫦娥四号"与"玉兔二号""两器互拍"的日子终于来临。此前，驾驶员们控制"玉兔二号"顺利到达互拍点D'，实现了预期的规划目标。此时，离最后任务的成功只有一步之遥——在D'点完成"两器互拍"。

原定的拍摄点在着陆点北面的巨大撞击坑内，它的直径接近26米。"嫦娥四号"不仅个头比"玉兔二号"大很多,而且"嫦娥四号"此时也已展开了全部3根近5米长的低频射电频谱仪天线,因此"嫦娥四号"设备投射到月面上的各类阴影和"玉兔二号"自身的影子均为地形地貌相机拍摄"玉兔二号"的正面照造成了较大难度。同时,"玉兔二号"在"嫦娥四号"南侧,是背光拍摄。

为了拍摄好"玉兔二号"的卓越风姿,飞控中心首先要进行试成像,确定地形地貌相机的合理指向和曝光参数设置,就像我们使用单反相机拍摄静物一样,也要先构图、调整光圈大小和快门速度。首次试拍图像处结果传回飞控中心后大家纷纷围了过来,想看看效果如何。"玉兔二号"完整地出现在了画面中,但遗憾的是图像整体稍稍偏暗,"玉兔二号"的位置有点偏右,而且天线转轴的阴影也出现在了图像中。经过反复比对试拍图像结果与地形地貌相机的视场范围,反复核算天线阴影的图像占比和实际大小,用三维动画反复模拟,终于找到了可以成功避开天线阴影并同时将"玉兔二号"放置在图像中央位置的办法。

"嫦娥四号"地形地貌相机拍摄的"玉兔二号"正面图像

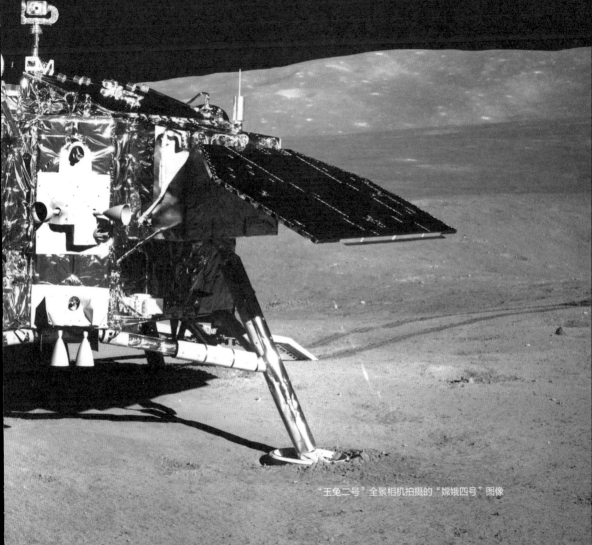

"玉兔二号"全景相机拍摄的"嫦娥四号"图像

1月11日13时47分,"嫦娥四号"地形地貌相机在偏航172°、俯仰-60°位置对"玉兔二号"再次进行了静态成像。图像处理结果传回后,"玉兔二号"安静地出现在了画面中央,图像亮度适中,月面上车辙清晰,"嫦娥四号"天线的阴影完全消失,"玉兔二号"车身上的国旗展露着一抹绚烂的色彩。

16时41分,"嫦娥四号"对"玉兔二号"进行正式成像,16时46分,图像下传完毕,地面处理显示正常,"两器互拍"工作完成。飞控大厅里传出总调度铿锵有力的声音:"'两器互拍'圆满成功!"大厅里顿时掌声雷动,一片欢腾。至此,"嫦娥四号"任务取得圆满成功。

"两器互拍"成功时的飞控大厅

"嫦娥四号"创造了历史

"嫦娥四号""两器互拍"成功,并向全世界宣告中国探测器成功实现着陆月背后,海内外媒体彻底沸腾了。

美国国家航空航天局(NASA)的局长第一时间在社交媒体上向中国"嫦娥四号"团队表示祝贺:这是人类史上的首次,更是一项"令人印象深刻的成就"!

美国太空探索技术公司CEO、特斯拉创始人马斯克也第一时间留言："祝贺！"

美国消费者新闻与商业频道网站报道说："嫦娥四号"成功着陆月球背面创造了历史。

《纽约时报》报道称："嫦娥四号"成功着陆月球背面开启了人类探月历史的新篇章，充分证明中国在深空探测领域已达到世界领先水平。

俄罗斯齐奥尔科夫斯基航天研究院院士表示："嫦娥四号"成功落月是中国取得的一项重大航天探索成就，确保探测器在月球背面着陆的技术非常复杂，此前任何国家都未能使其探测器在月球背面软着陆，中国这一成功产生了巨大的心理轰动效应。

英国《每日电讯报》网站报道称：以前人类发射的航天器曾拍到过月球远端，但还没有一艘航天器或探测器在月球背面着陆过；成功着陆月球背面是"嫦娥四号"任务的第一步，接下来它将执行一系列探测任务，将有助于人类更深入地了解月球的形成。

德意志新闻社报道称：中国现在是第一个使探测器在月球背面着陆的国家。这次登月任务的顺利进行将证明中国的太空计划正在取得重大进展。

日本媒体表示：自美国通过"阿波罗计划"将人类送上月球后，让探测器在月球着陆计划就几乎没有成功过。21世纪只有中国探测器成功着陆，中国探月已领先世界一步，这是确定无疑的。

第 5 章

月背征途："玉兔二号"驾驶日记

从成功登陆月背到"两器分离"，再到互拍成像，在充满未知和风险的月背之上，"玉兔二号"行走的每一步都如同在钢丝上跳舞，必须准之又准、慎之又慎。此后，"玉兔二号"将全面开启探险之旅，从搜罗让科学家"疯狂"的石头、发现神秘胶状物到探索未知的月球坑等，一系列月背大冒险即将上演。

小 记

从2019年1月3日"两器分离"到2019年1月13日是"玉兔二号"在月背度过的第1个月昼，在此期间"玉兔二号"与"嫦娥四号"完成了"两器互拍"，成功实施了首次科学探测，然后进入第一次"休眠"。"嫦娥四号"还忙里偷闲，在月背种了一把棉花，并在月夜为人类测量到了月背最低温度，第1个月昼中"两器"收获满满。

第一次"休眠"

2019年1月11日，举国瞩目的"嫦娥四号""两器互拍"落下了帷幕。忙碌了一整个月昼的"玉兔二号"也要准备"休眠"度过寒冷的月夜了，驾驶员们开始着手在地形图上寻找"休眠"点，但附近能够满足"休眠"的区域比较少。在经过反复测量计算后，驾驶员们选定了一块条件较好、可满足"休眠"姿态要求的区域，作为"玉兔二号"在月背的第一个"休眠"点。从地形图上看，这也几乎是附近唯一的"休眠"区域了。

一切就绪后，驾驶员们正准备按规划实施移动，却突然发现"鹊桥"中继星的高度偏低，如果"玉兔二号"向预定"休眠"方向行驶的话，安装在"玉兔二号"前方桅杆上的定向天线可能对尾部的全向接收天线产生遮挡，这样可能会造成地面短时间内失去对"玉兔二号"的控制，这样的局面是驾驶员们绝不想看到的。

然而看看前方唯一的一块黄色区域——"休眠区域"，"玉兔二号"似乎也没有别的选择。有人提出，我们可以将竖起的桅杆放倒，这样定向天线就能够随之卧倒在"玉兔二号"上，不会对全向接收天线造成遮挡了。这样的提议让

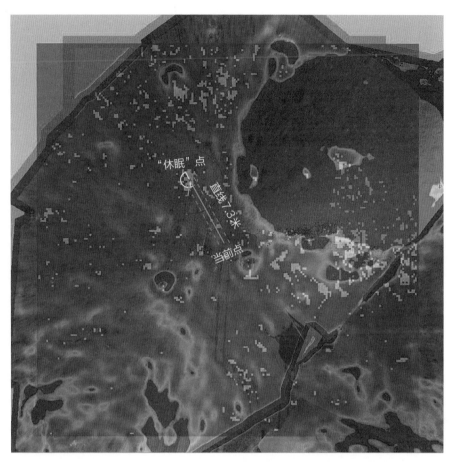

"休眠"点

直线7.3米

当前点

黄色区域为满足"休眠"要求区域，绿色线条为规划行驶路径，终点处黄色线条为须转过的角度

大家眼前一亮，经过测算，这个方案可行。随即飞控中心发送指令将"玉兔二号"的桅杆放倒，随后移动指令发送，"玉兔二号"又一次"低着头"走向了"休眠"点。

来到了"休眠"位置，可不代表要马上"入睡"。按照工作规划，"玉兔二号"还需要在此地进行一次转向和科学探测。毕竟这是"玉兔二号"在月背的第一次"休眠"，所以驾驶员们特别谨慎。他们对月背的月壤质地还知之甚少，虽然现在姿态满足"休眠"要求，但就怕月壤土质太松软，原地转向对地势造成破坏性的影响，导致此地不再能满足"休眠"姿态要求怎么办？大家心里都有些忐忑，在完成了科学探测后，飞控中心又控制"玉兔二号"转到了"休眠"

航向，遥测显示当前姿态与预估的姿态差别不大，可满足"玉兔二号"的"休眠"姿态要求，大家悬着的心才落下来。

1月13日3时39分，在驾驶员们的控制下，"玉兔二号""休眠"状态设置完成，进入了月夜"休眠"模式，等待阳光将它唤醒。

科普时间

月球车为什么要"休眠"

对"玉兔二号"来说，"休眠"是一件大事。为什么月球车也要"休眠"呢？因为月球上面也有白天和黑夜之分，而且黑夜有14天，在这14天里，月面温度会降到接近-190℃，"玉兔二号"为了保护自己，必须进入"休眠"状态。地面要控制"玉兔二号"收起太阳翼，将月球车内部封闭起来，关闭所有仪器设备和载荷设备；同时，启动同位素热源为仪器舱供热，使仪器舱温度不低于-50℃，确保其中的设备不至于因为温度过低而造成损坏。

"休眠"时车体的朝向、姿态和帆板的角度都要精确计算。首先，车体要微微向后倾斜，因为"玉兔二号"的车轮上没有"手刹"装置，如果车体不倾斜，停在斜坡上时就容易"溜车"；另外，"玉兔二号""休眠"时同位素热源是通过流体回路对车体进行加热的，倾斜也是为了让流体回路中的液体顺利地流通。其次，太阳翼的角度也要准确放置，这样可以保证"玉兔二号"在唤醒前先晒一会儿太阳。此外，"玉兔二号"要选在没有障碍物的空地上"休眠"，以免地形或车身挡住中继星通信，从而影响地面操控。

在月球上种棉花

中国自古以来便是纺织大国。这次"嫦娥"登月，也带上了棉花种子，准备在月球背面种棉花，将地球生物搬上月球！

由于月球环境具有真空、微重力、强辐射、极端温差等特点，要求动植物能耐高温、抗冻，而且能够抗辐射和抗干扰。经科学分析及精挑细选，生物科普试验载荷共搭载了6种生物，分别是棉花种子、油菜种子、马铃薯种子、拟南芥种子、酵母菌和果蝇。其中，马铃薯可能是航天员未来在太空的主食之一，拟南芥、酵母菌和果蝇都是生命科学领域重要的模式生物。上述6种生物构成一个含有生产者、消费者和分解者的微型生态系统。植物产生氧气，并作为食物供其他生物消费。作为消费者的果蝇和分解者的酵母菌通过消耗氧气产生二氧化碳，供植物进行光合作用。酵母菌可以通过分解植物和果蝇废弃物而生长，并能作为果蝇的食物。

2019年1月3日23时18分40秒，"嫦娥四号"落月后的12.88小时，飞控中心控制生物科普试验载荷加电。在生物科普试验载荷开机后约30分钟，飞控中心成功放水，6种生物进入月面生长发育模式。后续每隔一段时间就拍照记录下几种生物的图像。根据下传的遥测显示，科普载荷内部压力约1个大气压，温度在10～35℃，可满足生物基本生长需求。

经历了24小时焦急的等待，1月4日21时43分，在主相机视场内出现了一颗种子萌芽！整个飞控大厅沸腾了。经专家确认，生物科普试验载荷内棉花种子已经发育为胚根，在阳光的照耀下，随着时间的流逝，幼芽逐渐长大。面对这一生态奇迹，国外网友惊叹地说："中国人把丝绸之路延伸到了月球！"

随"嫦娥四号"登陆月球背面的生物科普试验载荷陆续传回试验照片，显示载荷内生长出的植物嫩芽长势良好。这是在经历月球极端真空、极端温差、强辐射等严峻环境考验后，人类第一次在月面上做生物生长试验。生物科普试验载荷已初步实现人类首次月面生物试验。1月7日传回的照片显示，此次生物试验实现了在荒芜的月球上培育出第一株植物嫩芽，并随着时间的推移，成功

| 2019年1月3日23时18分棉花种子状态 | 2019年1月6日09时44分棉花种子状态 |

实现人类有史以来第一片在月球上生长的绿叶，对人类之后建立月球基地提供了很好的研究基础和经验，具有重要的借鉴意义。

科普时间

生物科普试验载荷是怎么设计的

生物科普试验载荷由教育部深空探测联合研究中心和重庆大学共同研制，直径为17.3厘米、高度为19.8厘米，重量约2.608千克，外表看起来像个小型热水壶。内部对称布置主、备相机各一部，在轨工作周期内每10小时主、备相机各拍摄一次。通过载荷顶部设置导光孔采集月面自然阳光，供植物进行光合作用；通过自主温控系统维持生物科普试验载荷内部温度在10～35℃，以保证生物生长所需的温度环境；通过密封设计保证载荷内生物生存的压力环境。

生物科普试验载荷可以构建月面微型生态圈，模拟简单的生态系统，提供植物生长所需的水分、能源和温度，以验证在月面的太阳自然光照条件下植物光合作用的原理，观测月面低重力条件下动植物的生长状况，积累构建太空生命保障系统的技术与经验。

生物科普试验载荷结构组成

导光孔
多层
聚酰亚胺隔热垫
非对称散热片
遥测接口（X04）
1553bA总线（X01）
对称散热片
1553bB总线（X02）
电源接口（X03）
接地桩
9针接插件
隔热杯
控制模块

有惊无险的唤醒

1月29日是"玉兔二号"在月背第一次被唤醒的日子，驾驶员们早早地来到遥操作厅，目不转睛地盯着屏幕，等待"玉兔二号"传来的遥测信号。9时31分，"鹊桥"中继星完成了返向链路设置，一切准备就绪，按照估计，"玉兔二号"应该马上就要"醒"过来了。

然而眼巴巴地等了40多分钟，一直没有收到"玉兔二号"传回的遥测信号，驾驶员们有点坐不住了。终于，遥操作厅里响起了激动的声音："来了，来了！"大家赶紧围上去，屏幕显示"鹊桥"中继星已经锁定"玉兔二号"的载波信号，然而遥测信号却一直没有收到，飞控中心的驾驶员们反复确认"鹊桥"中继星的状态，一切正常，为什么"玉兔"都到门口了却迟迟不敲门呢？

原来"玉兔二号"的遥测信号是以帧的方式连续传输的，"鹊桥"中继星要想正确地解出遥测信号并传给地面，必须辨认出每帧遥测的帧头在哪里。这个遥测帧头就是帧同步码，它是靠一个固定的8位同步码来做标记的，就像一列火车有1号车厢，找到它就能找到其他车厢了。

而中继星为了在有空间环境干扰导致误码较高的情况下依然能认出帧同步码，设定了一定的容错机制。很有可能是空间环境干扰导致"玉兔二号"传回的某些遥测信号长得很像这个帧同步码，导致"鹊桥"认错了帧头，无法正确解出"玉兔二号"的遥测信号。

驾驶员们根据预案，控制中继星对"玉兔二号"进行了重新锁定，然而，期待中的遥测信号还是没有实现。驾驶员们顶住压力，控制中继星对"玉兔二号"进行了第二次锁定，飞控中心监视人员报告"遥测接收开始"，地面终于可以解出"玉兔二号"传回的正常遥测信号了，一个不平凡的月昼就这样开始了。

月背到底有多冷

我们知道月球上的正午时有超过100℃的高温，然而月球的晚上究竟有多冷，却没有人测到过，这是因为探测器在月夜需要关闭仪器设备进入"休眠"模式。

这次"嫦娥四号"携带了一个神秘而强大的装置——同位素电池，不仅可以在月夜散发热量为"嫦娥四号"保温，而且可以输出约2瓦功率的电能，保证月夜温度计——月夜温度采集器可以在近半个月的寒冷月夜中持续工作。通过这两个"神器"，我们有望第一次探知月球背面的夜晚到底有多冷。

"两器分离"后6小时，地面发令控制月夜温度采集器加电，经过检查，月夜温度采集器状态良好，具备实施月夜温度采集的条件。随着太阳西移，寒冷的月夜即将来临，马上要进入月夜"休眠"状态了。地面发令控制供暖系统接通，等同位素热源温度低于-120℃后，再将月夜温度采集器的供电切换为同位素热源供电。

2小时后，地面又将同位素电池供电期间，月夜温度采集器采集数据的下传状态进行检查确认，一切正常。等"嫦娥四号"完成"休眠"设置，月背又安静下来，月夜温度采集器就正式开始工作了，月夜温度采集器每隔15分钟采集一次月夜的温度情况，整个月夜都在兢兢业业地采集。1月31日16时43分，飞控中心控制"嫦娥四号"将月夜温度采集器的工作成果进行了下传，测量结果表明最低温度达到了-190℃，这是人类历史上首次测量到月球背面的月夜温度！

科普时间

同位素电池和月夜温度测量设备

同位素电池就是以同位素衰变所释放出的能量产生热能，再利用半导体的塞贝克效应将热能转换成电能的装置。"嫦娥四号"采用了直接测量和间接测量两种方式测量月夜温度。直接测量利用与月壤直接接触的传感器获得月球表层温度数据。为减少"嫦娥四号"对测点的热影响，测点远离"嫦娥四号"本体，选择在转移机构端布置温度传感器进行直接测量。间接测量利用探测器若干不同位置测点的温度数据，排除"嫦娥四号"热源的干扰建立热模型，反演月球表层的温度数据，间接获取月壤表面的温度。

小 记

2019年1月29日至2月13日是"玉兔二号"在月背度过的第2个月昼，在这个月昼里"玉兔二号"成功突破了"玉兔一号"114.8米的纪录，成为中国在月球上行驶里程最长的月球车，而且每一步都在刷新纪录，"玉兔二号"还记录了月背壮丽的风景和"嫦娥四号"的图像。第2个月昼是"玉兔二号"不断突破纪录的月昼。

突破114.8米

114.8，这个看似毫无含义的数字对"玉兔二号"的驾驶员们而言却是一个心结。6年前，"玉兔一号"在行走114.8米后控制系统发生故障，永远地停在了月球表面。38万千米之外的飞控中心遥操作大厅里时间仿佛停滞，114.8米成为当时在场的驾驶员们心中挥之不去的阴影。

6年转瞬即逝，其中一位当年的年轻驾驶员已成为遥操作型号总师，凭借丰富的驾驶经验和精湛的驾驶技术，带领着年轻的遥操作团队，圆满地完成了"玉兔二号"前期的遥操作任务。

2019年2月10日是"玉兔二号"探索月球背面的第39天。晚上9点，"玉兔二号"顺利找到"休眠"区，准备接收"休眠"指令。此时的飞控中心遥操作大厅一片灯火通明。经过2个月昼的连续奋战，每天不间断工作的驾驶员们已经筋疲力尽。遥测数据显示，"玉兔二号"在第2个月昼期间行驶了70.3米，累计里程达到114.5米，距离114.8米只剩下0.3米了……看到这个数字，所有人都被震动了，往昔的记忆又涌上心头。

不过，"玉兔二号"已经进入了准备"休眠"姿态，如果继续行走，万一找不到合适的"休眠"点就还要费一番工夫。是就此"休眠"还是坚持突破？大

遥操作大厅工作场景

家都用盼望的眼神望着6年前操作过"玉兔一号"的型号总师。很快测控系统总指挥收到了"'玉兔二号'已经行驶114.5米,请求延长测控跟踪,利用"休眠"前的时间再走一步"的请示。测控系统总指挥几乎没有任何犹豫便批复道:"同意!"并鼓励大家:"抓住契机,勇敢突破!"

驾驶员们的热情瞬间被点燃了,经过反复讨论、迭代计算、复核验证等一连串复杂的过程,1小时之内行进方案已经出炉。紧接着,驾驶员们向勇敢的"玉兔二号"发出了移动指令……这是"玉兔二号"在月背的第40天。2月11日凌晨2时20分,"玉兔二号"再次顺利移动了5.5米,两个月昼累计行驶120米,成功打破了"玉兔一号"的行驶纪录!

超越114.8米,不仅是"玉兔二号"的重大突破,更是中国探月工程中的一个里程碑。自此,"玉兔二号"前进的每一步都在刷新着历史纪录。

月球摄影师

2019年2月11日上午10时，测控系统总指挥提议回头看看"嫦娥四号"，驾驶员们认为时间太紧迫，建议赶路要紧，但是总指挥很坚持："我们已经来到了月球背面，世界上还有谁能够站在这里，用这样的角度去拍摄照片？我们不仅要做好驾驶员、科学家，还要当好摄影师！"于是，在他的坚持下，有了这张"玉兔二号"回望照片。

照片中的"嫦娥四号"傲然挺立于月背，此外我们还可以清晰地看到冯·卡门撞击坑的边缘和"玉兔二号"走过的路径。

现场的驾驶员们都出神地凝望着这张照片，情不自禁地感叹：太美了！很多时候我们只顾日夜兼程，却忽略了最美的风景，这一回眸，才顿感这不再是艰苦的任务，而是在创作传世的艺术品。

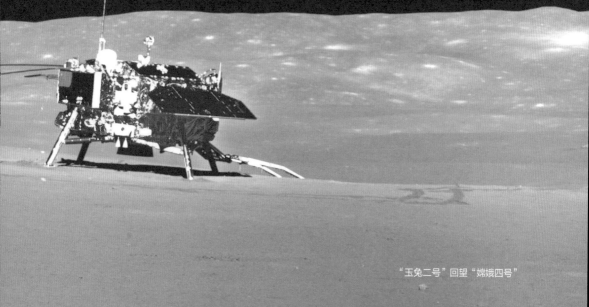

"玉兔二号" 回望 "嫦娥四号"

"玉兔"导航员

"开始导航，前方……请小心驾驶！"在地面开车时，我们对导航仪这样的温馨提示一定不会陌生，但在月球背面你知道谁为"玉兔二号"指路吗？

在飞控中心就有着这么一个重要的岗位——视觉定位与图像处理。这个岗位的人员利用月球轨道卫星拍摄的月面图像和"玉兔二号"获得的月表图像对"玉兔二号"当前的位置进行定位，并给出下一步走向何处的规划设计，堪称"玉兔导航员"。

在月背导航工作中，导航员不仅要根据科学家选定的探测目标来规划路线，还要给出选择此路的原因，更要把目光放长远，为"玉兔二号"做好长远规划，确保"玉兔二号"在月背待得更久，走得更远。

"玉兔二号"导航员正在对规划路径进行核算

"嫦娥四号"在月背成功着陆后，导航员们第一时间报出了落月坐标，随即开启了为"玉兔二号"探索之旅保驾护航的工作。导航员们一直在琢磨的一件事就是：往哪儿走。月球上没有北斗导航，也没有地图，"嫦娥二号"拍摄的高清全月图发挥了重要作用。

　　由于着陆点在月球南极，为防止月球车被自己的影子遮挡住脚下的路，应向西北或东北方向行驶。在对"嫦娥四号"拍摄的月面图像和之前"嫦娥二号"拍摄的月面图像进行分析后，导航员们认为着陆点西北方向地形障碍较少，便于长期行进，最终决定一路向西出发。

　　导航员们同时确定了用之前"嫦娥二号"拍摄的7米分辨率全月图做长期规划、用全景相机拍摄的图像做中期规划、用导航相机拍摄的图像做当前规划的策略，共同助力"玉兔二号"挺进月球大西北。

"玉兔二号"在月背行驶路线图

疯狂的石头

自"玉兔二号"踏上月背的那一天起，它便肩负着一项重要的使命——揭示月球背面的奥秘。尽管"玉兔二号"自带4件探测利器，但想派上用场还需要找到合适的探测目标。然而，荒凉的月背上要么是无法抵达的撞击坑，要么是松软的月壤。现在已经是第3个月昼了，有价值的探测目标一直没有出现，科学家们有些坐不住了。

2019年3月1日，驾驶员们一如既往地筛选着"玉兔二号"下传的导航相机拍摄的照片。突然，他们的目光被一张图片吸引住了，在"玉兔二号"的前方不远处，一片碎石星罗棋布地散落在月壤之上，仿佛一盘未曾下完的棋。有一块体积较大的石头静静地躺在"棋盘"前，仿佛一颗遗失的珠宝，上面蒙着一层浅浅的月壤，与周围平坦的地形相比显得有些不同寻常。

别看这块石头从图片中看不出非凡之处，但在遍布撞击坑和松软月壤的月背，它的存在十分耐人寻味。它可能是天外飞来的陨石，代表着宇宙天体对月球的问候；也有可能是陨石撞击月背溅射出来的物质，埋藏着月幔最深处的秘密。

照片左上角为石块群

驾驶员们立刻与科学家团队取得了联系，科学家们的激情瞬间被点燃了，他们兴奋地喊道："就是这块石头！石头！我们赶快探一下！"

石块是科学家眼里的珍宝，但在更了解"玉兔二号"的驾驶员眼里则是危险因素。驾驶员不光要想着如何靠近它，同时还要想着怎么离开，不能只是前进，还要学会后退。只有精准完成远距离探测且又能退回到一个安全的"休眠"点，才是一次完整探测的结束。这是一种平衡，也是每一个驾驶员都要掌握的进退艺术。

对石块的探测需要使用"玉兔二号"上安装的红外成像光谱仪，它位于车体前方。视场最窄处只有约14厘米，中心区域8厘米，必须靠月球车的移动来调整视场的前后推移，通过车体的转动来调整视场的左右偏移。

月球上坑洼遍地，凹凸不平，每次移动都可能产生无法预测的姿态变化，要想在合适的太阳高度角和方位角下使视场对准石块，难度宛如千里穿针，实在是考验驾驶技术。红外成像光谱仪视场距离车前侧面只有约50厘米，稍有不慎月球车轮子和月球车底部就可能被月面的石块蹭坏。

然而地外天体科学探测就是如此，没有风险就没有收获，经过科学家和月面支持小组的一番商议，最终驾驶员们制订了"远处拉弓瞄准，近处停顿微调"的探测方案。先控制月球车驶向目标石块，在石块前微调航向，使视场覆盖石块。这样一旦发现情况不对，可以立刻控制"玉兔二号"原路撤回，可谓稳妥安全。

"玉兔二号"渐渐逼近了石块，到达了石块前的平坦位置，看上去一切顺利，但还没来得及高兴，最新下传的感知图像却让大家心里一沉。图像显示，石块前方竟然出现了两个撞击坑，坑虽然都不深，但极有可能对最后的视场调整产生意想不到的影响，使得探测功亏一篑。

两个撞击坑仿佛拦路虎一般横在"玉兔二号"和石块中间，何去何从，一时陷入了僵局，"休眠"时刻又在一分一秒地迫近，科学家们开始焦躁起来。遥操

"玉兔二号"接近石块群的路径规划

"玉兔二号"探测的石块群

作大厅里，一位来自中科院国家天文台的小伙子已经有些着急了，他不停地说："这个石块很重要，你们可千万不能退啊。"测控系统总指挥半开玩笑地对他说："是你们领导派你来督战的吧？别急，别急，我们一定帮你们拿下这块石头。"

月球的秘密就在眼前，谁也不想在此刻半途而废。驾驶员们拿出了两种方案：第一种是在起点原地左转弯，直行到终点后调整航向对准石块，这种方案的优点在于控制次数少，但是终点的原地转弯恰好在两个撞击坑内，最后的视场调整可能受撞击坑影响，存在无法到位的风险；第二种则是分两段行走，在一个相对平坦的中间点上原地转弯，然后调整航向对着石块直行，避免终点原地转弯，这种方案虽然控制次数多，但是比较安全。又是一次不得不做的抉择，到底该怎么办？

驾驶员们和专家反复磋商，仍以安全为上，使用第二种保守策略。方案确定后，驾驶员们便开始控制"玉兔二号"按照移动策略接近石块。移动到位后，驾驶员们立即对石块进行了精确定位，开启"玉兔二号"前方的避障相机对石

"玉兔二号"靠近探测石块（避障相机成像）

块区域进行成像，一块长度约18厘米的大石块在视场中特别显眼，它就是科学家团队选中的探测目标。

驾驶员们立即发送指令开始实施红外探测。然而，传回的红外图像却并未满足科学家团队的要求，因为石块只有右下角的一部分进入了红外成像光谱仪的视场，其余全部是月壤，这样会造成获得的红外光谱信息中混杂有石块和月壤的信息，无法从其中单独分析出石块的物质成分，探测结果无法令人满意。

是继续进行探测还是放弃本次探测而继续寻找探测目标？如果继续探测，那就要继续调整"玉兔二号"与石块的距离和相对位置，在当前复杂的月面环境下，没人能够为"玉兔二号"的安全打包票，无论是车底撞到石块还是"玉兔二号"陷入坑中，哪种情况都不能发生。但如果就此收手，那么前面所做的努力就会全部白费。

驾驶员们决定再试一次！他们反复研读遥测数据，对探测方案不断进行推演和分析，最终确定了控制"玉兔二号"原地转2°，再前进6.6厘米接近石块的方案。很快方案就获得了大家的一致认可，并完成了移动指令的上注。

第一次探测时的红外成像光谱仪图像
（圆形红圈为短波红外谱段视场）

第二次探测时的红外成像光谱仪图像

"转向开始，转向到位！1秒、2秒、3秒，移动到位，姿态良好！"

调度员不停地报告移动情况，驾驶员们又再次控制红外成像光谱仪开机探测。平日短短的12分钟此刻分外漫长。随后图像和探测数据慢慢下传，大家终于在传回来的图像上看到红外成像光谱仪的视场被石块全部占据着，这次获得的数据堪称完美，"玉兔二号"圆满完成了第一次定点探测的任务。3次移动，4次转身，一共4.92米，我们终于解开了"月亮女神"留下的密码！

月球之眼

科普时间

红外成像光谱仪

　　红外成像光谱仪可以获取月壤反射的阳光中的可见近红外谱段光谱及图像数据,进行月壤成分结构分析。它被安装在"玉兔二号"前表面靠右的位置。一般情况下,月面反射率较低,在较高的太阳高度角下,红外成像光谱仪可以获取更高信噪比的成像及光谱数据。

　　所以每次探测前,驾驶员们都必须结合对车体航向角、太阳方位角以及太阳高度角进行精准计算和规划,选择太阳高度角较高的时刻,根据红外成像光谱仪安装的位置和视场范围计算出精确航向,避开阴影和太阳直射,确保探测达到最佳效果。

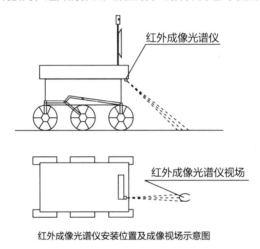

红外成像光谱仪安装位置及成像视场示意图

月面"奇缘"

　　2020年5月初,国际地学领域专业期刊《地质》发表了中国地质大学行星地质学团队的题为《"嫦娥四号"发现月球背面南极艾特肯盆地多种岩石类型》的学术论文。

　　该论文报道了"嫦娥四号"着陆月球背面一年多以来,"嫦娥四号"的红外成像光谱仪、降落相机、地形地貌相机、全景相机等科学载荷发现的着陆巡视区内的多种岩石类型,包括苏长斜长岩、苏长岩和辉长岩等。此前,"玉兔二号"发现了一堆碎石块,并对其中的一块岩石("奇缘")进行了光谱探测,这是人类首次获得月表岩石的可见光－近红外反射光谱。中国地质大学研究团队对此进行了详细的光谱分析,并对比美国阿波罗样品光谱特征,发现其主要矿物成分是斜长石和辉石,次要矿物成分是由橄榄石(含量小于4%)组成的苏长岩,这些研究结果对确定古老月壳的矿物组成有着重要的意义。

优美地转个圈

　　2019年3月30日，科学家们给飞控中心的驾驶员团队提出了一个颇具挑战性的任务，对"玉兔二号"周边的目标区域进行360°全方位的科学探测。这就要同时使用"玉兔二号"的两大"神器"——红外成像光谱仪和中性原子探测仪，在不同的方位角下，两大"神器"大显身手，共同揭开月球的秘密。

　　飞控中心的驾驶员团队首先要对周边环境进行分析，找到一块相对平坦的区域，确保在这里转圈不会存在风险，又方便"玉兔二号"对周边的目标进行探测。

"玉兔二号"向选定的科学探测点前进

不要小看转这个圈，这个任务一共用了2天时间，通过8次车体转动，在8个不同的航向下两大科普载荷依次开机才完成了全部的科学探测工作。回望时，转动过程中留下的车辙让驾驶员们慨叹不已。

回望"玉兔二号"环形探索时留下的车辙

科普时间

中性原子探测仪

中性原子探测仪通过探测月表能量中性原子和正离子，获取能量、成分、通量等信息，可以深入了解月表能量中性原子的起源机制和分布特征，进而研究太阳风与月表相互作用机制。在月球表面实施中性原子探测，对研究太阳风与月表相互作用机制、月表逃逸层的形成和维持机制等关键科学领域有重要意义，也可以为后续载人登月的月面防护提供技术依据。

中性原子探测仪安装在"玉兔二号"车体前表面，由于能量中性原子主要通过太阳风离子被月表反射和太阳风离子打在月表使月表物质成分溅射两种方式形成，为了能够获得足够多的月表反射能量中性粒子，中性原子探测仪探测时车头应尽量朝向太阳，太阳高度角尽量高。

在月面蹭"Wi-Fi"

"玉兔二号"获取的科学数据传回地面时，除了使用自身全向天线和定向天线通过中继星下传到地面外，还可以蹭"嫦娥四号"的"Wi-Fi"，即着陆器与"玉兔二号"之间的UHF频段通信，实现返向数据下传。

这个"Wi-Fi"的传输速率可以设置，驾驶员们会根据实际情况选择"玉兔二号"与"嫦娥四号"相匹配的下传速率，确保"嫦娥四号"能够对"玉兔二号"拍摄的图像或获取的科学探测数据进行实时转发，数据到了就走，无须等待。

不要小看这样的传输方式，由于不必再转动"玉兔二号"的桅杆，调整定向天线指向中继星，所以可以一边探测一边传输，有效提高了数据下传效率，也提高了"玉兔二号"行走规划的效率。

当然，"Wi-Fi"也不是那么好蹭的，需要"玉兔二号"车体相对"嫦娥四号"的位置和姿态满足特定条件。一般要求"玉兔二号"在"嫦娥四号"西北方向，且车尾朝向"嫦娥四号"。因为对姿态和位置要求高，所以UHF信道主要用来在特定姿态下进行图像和探测数据的下传。在"玉兔二号"移动、进出测控弧段、进出月午及"休眠"唤醒等设置过程中仍须切回全向天线。

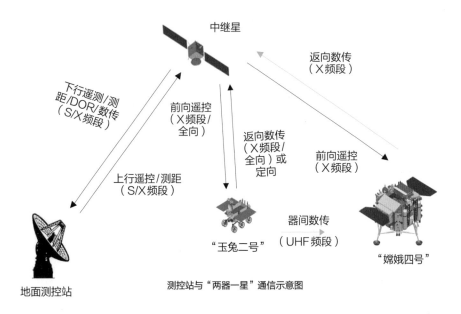

测控站与"两器一星"通信示意图

安全驾驶9条原则

"道路千万条,安全第一条",有了驾驶"玉兔一号"的经历,遥操作团队对"玉兔二号"更是呵护有加,每一次路径规划、每一个状态确认都特别小心。

早在开展"嫦娥四号"任务前,飞控中心就组织进行了"玉兔一号"行驶过程数据复盘。"玉兔一号"定格在114.8米,我们应该吸取哪些教训呢?为了使复盘工作更加深入,飞控中心请来了探测器设计部门的月球车专家以及当年"玉兔一号"的驾驶员,共同对"玉兔一号"在月球上的每一步足迹特别是最后几步的行走过程做细致研究。最终形成以下结论性意见:一是光照对月面感知的影响较大,二是大曲率移动风险较高,三是在月面复杂路面上要能进也要能退。

这些看似简单的原则正是在充满风险的月面驾驶时必须要注意的。也正是这次对"玉兔一号"遥操作的复盘工作,制定了月面安全驾驶9条原则,为"玉兔二号"干得更久、走得更远打下了基础。

既然光照对月面感知的影响很大,那么为了确保路径规划前能看清楚月面地形,我们制定了相应的图像感知原则,避免由于光照原因导致移动方向上出现图像过曝或车体本体阴影较大的情况。若移动目标位置的地形不清晰或更换移动目标点,则需要进行重新感知,确保从当前位置到目标位置之间的地形情况清晰可见,能够为路径规划提供优质的图像信息。

"玉兔二号"在月面真实环境中的移动表现如何、月面实际地形对它的移动会产生哪些不可预知的影响、"玉兔二号"能否按照驾驶员规划的预期路径进行移动等都需要对它的实际移动效果进行评估。9条原则中的第3条是这样描述的:

> 每次移动后在导航点或中间点对行走效果进行评估,判断是否移动到位,可否按照原定策略及相应应急方案实施。移动未到位判断准则如下:
>
> 1.针对直线行走、原地转弯和曲线行走,地面监视判断遥测偏航角

与规划结果超过5°或遥测位置与规划结果偏差超过0.5米。

2. 若该站点获得的视觉定位结果与规划位置距离偏差超过移动距离的10%。

如果地面判断出现"移动未到位"的情况，就要立即停止原规划方案，进入问题排查和紧急脱困状态，必要时退回到上一站点，确保"玉兔二号"的安全。

第3条安全驾驶原则对驾驶员来说至关重要，必须作为基本原则长期坚持。

在"玉兔二号"后续1年多的行驶过程中，驾驶员们正是坚守了这9条原则才确保了"玉兔二号"在月背探险中不断奋勇前行。

第一次探坑

2019年4月28日,"玉兔二号"在暖洋洋的阳光照射下"醒"过来,由于太阳在东方升起,"玉兔二号"的车体在西侧的月面上形成了一片大大的阴影,"玉兔二号"看上去很神气,就像一位威风凛凛的武士。

"玉兔二号""醒"来拍摄的第一张照片

驾驶员们早就注意到了在车体西侧前方有一个很新的撞击坑，尽管月球表面遍布大大小小的撞击坑，但在确保安全的情况下探索月背的月球坑，对已经在这里生活了5个月的"玉兔二号"来说还是第一次。经与科学家团队商议，驾驶员在此月昼要对这个撞击坑的月壤和溅射物进行探测。

驾驶员控制"玉兔二号"迈开大步来到撞击坑边约3米的地方，通过全景相机对科学探测区域进行了成像，撞击坑的全貌显露出来。

"玉兔二号"近距离探测撞击坑

随后"玉兔二号"又继续向前来到撞击坑的边缘，这一陨石对古老月球的"吻痕"终于近距离地呈现在大家的眼前。

此时，科学家们还想再近一点对溅射物进行红外探测。越靠近坑边，碎石就越密集，它们都是对"玉兔二号"越障能力的挑战，但不入虎穴，焉得虎子？驾驶员们选择迎难而上，规划了一个小步直线移动，眼看着移动到位了，一个意想不到的情况出现了。

由于地面起伏较大，太阳落在了"玉兔二号"的太阳敏感器视场外，"玉兔二号"无法对自己的姿态进行感知了。这意味着在倒车过程中，以往一直使用的高精度制导导航与控制移动模式不能使用了。突如其来的状况并没有难倒驾驶员们，他们先是按照原计划对撞击坑的边缘和内侧使用避障相机进行成像并进行红外探测，满足科学家们探测溅射物的要求。

随后，驾驶员们将"玉兔二号"驾驶模式由制导导航与控制移动模式切换为综合电子多电机移动模式，先让"玉兔二号"倒车回来，稳稳地后退，当"玉兔二号"太阳敏感器视场恢复到可见太阳时再重新恢复制导导航与控制移动模式，最终成功完成了月背撞击坑第一探！

"玉兔二号"在撞击坑的边缘（避障相机成像）

放飞自我的"兔子"

在地面上实现自动驾驶是一件很难的事情,更何况在万里之外的月球背面,而这个月昼,驾驶员们将在月球背面迎接一次石破天惊的挑战——让"玉兔二号"自动驾驶。

"玉兔二号"在设计之初就已经具备了两大法宝——激光探测避障移动模式和自主规划避障移动模式,以及一个"神器"——激光点阵器。激光探测避障移动模式利用车体前端的激光点阵器的照射来判断前方地面的平坦程度,从而实现对障碍的识别和路径的选择。自主规划避障移动模式则利用避障相机的成像,分段识别路况的平整度,每0.5米进行一次重新规划,直至到达目标点。

这次驾驶员们选取了两个目的地,保证每次移动都在2米左右,按照先激光

科普时间

制导导航与控制移动模式和综合电子多电机移动模式

"玉兔二号"在移动过程中必须考虑环境和自身的位置姿态,它全身配置了用于环境感知和位置姿态确定的各类敏感器。实现地形恢复或障碍探测的设备包括导航相机、避障相机和激光点阵器等;实现姿态与位置确定的设备包括太阳敏感器、惯性测量单元组件(即惯性测量单元,包括加速度计和陀螺等)。

地面可以通过制导导航与控制移动和综合电子多电机移动两种模式对"玉兔二号"进行移动控制。

在制导导航与控制移动模式下,"玉兔二号"使用全身配置的各类敏感器获得环境和位置姿态信息,通过制导导航与控制分系统给出运动控制指令,并由综合电子分系统转发到移动结构与机构分系统执行,实现自主环境感知、路径规划、紧急避障、运动控制、安全监测等,是一种器上闭环的控制模式。

在综合电子多电机移动模式下,通过地面上注直接给出运动控制指令,并由综合电子分系统转发到移动结构与机构分系统执行,"玉兔二号"不进行任何自主干预与处置,运动控制计算、安全监测、紧急处置等工作均只能由飞控中心进行处理。

探测避障、后自主规划避障移动的方式，实施自动驾驶。

万事开头难，进行激光避障探测移动时，"玉兔二号"刚一迈步就出现了警报："前面发现障碍，退出移动模式。"明明从相机上看着一马平川，为什么却举步维艰呢？驾驶员们通过反复对比之前避障相机拍摄的图像分析，发现图像中有车体对太阳光的反射投影，可能进入了"玉兔二号"避障相机视场而被识别成了障碍，导致无法行走。

经与探测器专家现场研究，驾驶员们立即对激光点阵提取参数做出调整，给"玉兔二号"戴上"墨镜"以过滤太阳光的干扰，终于解除警报，"玉兔二号"开始前进了。

第二次移动时驾驶员们控制"玉兔二号"切换至自主规划避障移动模式。这次就顺利许多，总计2.7米的移动距离，"玉兔二号"按照每0.5米自主判断一次的频率，经过5次规划后顺利到达目标点！

"玉兔二号"自主规划避障前，避障相机拍摄的照片（圆圈区域是目标点）

"赖床"的"兔子"

　　不知不觉之中，"玉兔二号"在月球背面已经工作了6个月，从突破"玉兔一号"的行驶纪录到担心是不是能达到3个月的寿命期，现在驾驶员们对"玉兔二号"越来越有信心了，开始为长期月面探险做着各种计划。一个新的情况出现了！驾驶员们在总结过去6个月"玉兔二号"的唤醒时间时发现，唤醒的时间在一点点推迟。特别是这个月昼，"玉兔二号"在所有人的焦急等待下足足推迟唤醒2小时，虽说最终还是"醒"来了，但到底是什么环节出现了问题？

　　针对这个问题，遥操作团队提取了"玉兔二号"6个月昼的预计唤醒时间、实际唤醒时间、唤醒时姿态、太阳高度角和方位角、日月距离等相关数据，查询了太阳能电池发电的相关设计报告，经过反复分析比对，"玉兔二号""赖床"的原因终于找到了。

　　原来，随着"玉兔二号"在月面上工作时间变长，月-日距离也在发生改变。其实地球公转轨道并不是标准圆轨道，月-日距离也随之呈周期性变化，距离最近时有1.47亿千米，最远时有1.51亿千米，研究人员发现从第2个月昼开始，随着月-日距离逐渐增加，"唤醒"时间也一点点推迟，可这不到3%的距离变化范围是如何引起2小时偏差的呢？

原来"玉兔二号"每次自动唤醒时所需的有效光照强度是恒定的，光强与月－日距离的平方成反比，与太阳的高度角成正比，距离增加了3%，太阳高度角相应增加了约0.6°，而月面上太阳升高1°大概需要3小时，所以"玉兔二号"晚"醒"来2小时也就不足为奇了。

发现了这个奥秘之后，驾驶员将距离的修正项引入了唤醒计算模型，反复迭代计算，最终将唤醒时刻偏差缩小在20分钟以内，大家都期待着下个月昼"玉兔二号"能够准时"醒"来。

专注分析的驾驶员们

车辙中隐藏的秘密

　　"玉兔二号"每个月"醒"来后，它的工作日程表都被驾驶员们安排得满满的，不是在进行科学探测，就是在去进行科学探测的路上，但"玉兔二号"还要经常回过头来用科学载荷探测一下自己走过月面时留下的车辙，这是为什么呢？车辙中隐藏着什么秘密吗？

"玉兔二号"回望车辙

　　原来，月球表面有一层松软的月壤，受到太阳风的长期轰击。在月球形成之后长达40多亿年间，除了小天体撞击之外，月壤从来没有被翻动过，而"玉兔二号"车轮每一次移动掀起的几厘米月壤，都揭示着隐藏了几千万年的月球秘密。

探测用的红外成像光谱仪视场极窄，最宽处只有约16厘米，几乎正好是车轮的宽度，并且红外成像光谱仪的安装位置并不是在"玉兔二号"的中轴线上，而是偏右一些，这就使得"玉兔二号"到位后必须回头并与车辙呈一个微小的角度。另外，虽然"玉兔二号"行走的路线按照规划是直线前进，但是土壤的松软度和坡度都可能让车辙产生微妙的误差，因此行走和转身的控制也必须精准无误才能保证车辙落在红外成像光谱仪的视场内。

　　驾驶员们根据"玉兔二号"的具体尺寸和相关参数以及红外成像光谱仪的具体参数，经过反复计算设计了转向角度，并按照这个角度进行了路径规划。"玉兔二号"按照规划路径移动完毕，随后环拍的导航相机图像显示，一条纤细的车辙稳稳地落在了红外成像光谱仪的视场内，控制精准。

　　获取宝贵的探测数据后，飞控中心通过"鹊桥"中继星将它们下传，然后迅速送到科学家手中，车辙中隐藏的秘密就要被科学家们揭开了。

短暂"失联"

月午期间为躲避高温,"玉兔二号"一般会"午休",可是这个月午"玉兔二号""睡"得并不踏实。

2019年6月4日上午8时20分,"玉兔二号"进入测控区后,值班人员发现虽然返向载波锁定,但"玉兔二号"的遥测依旧无法解析,地面和"玉兔二号"失去了联系。值班人员检查了"玉兔二号"前一晚的情况,一切正常,那"玉兔二号"到哪里去了呢?

"玉兔二号"短暂"失联"

现场人员迅速向值班总师汇报了这个情况,并与探测器系统取得了联系。经分析,最大可能是由于单粒子的干扰,使得地面和"鹊桥"中继星的信号被干扰了。

经过现场专家反复研究,决定首先对"鹊桥"中继星的对月解调器进行软复位操作,正是这个解调器承担着与"玉兔二号"通信的重要职能。两条指令发出去后,遥测还是没有恢复,所有人屏住呼吸,紧紧盯着屏幕。

突然，"玉兔二号"时间显示开始闪动，遥测恢复了！驾驶员们全面检查"玉兔二号"的状态，一切正常！刚刚紧张到凝固的空气终于开始流动了。经查，原因是测控区外单粒子击中了"鹊桥"中继星的遥测处理电路板，导致

驾驶员与探测器系统专家研究处置故障

中继星对"玉兔二号"的遥测处理出现了问题。

这个月昼"玉兔二号"的短暂"失联"虽说是虚惊一场，但却提醒我们，太空环境复杂多变，要随时做好应对各种突发状况的准备，驾驶员不仅要车技一流，更要掌握机制，沉着应对。

科普时间

单粒子效应

单粒子效应是指单个空间高能带电粒子击中微电子器件灵敏区时，由于电离作用产生额外电荷，使电子器件逻辑状态改变、功能受到干扰或者失效。单粒子效应主要包括单粒子翻转、单粒子锁定和单粒子烧毁。

单粒子翻转是高能粒子轰击芯片中的逻辑电路，导致逻辑发生了翻转，即原值为0，轰击之后值翻转为1，值也可由1翻转为0。单粒子翻转导致的故障属于"软故障"，一般可以通过系统复位、重新加电或重新写入等恢复到正常状态。

单粒子锁定是单粒子入射产生的瞬态电流导致设备功能性损坏，单粒子烧毁则是通过造成短路而烧毁电路，这两种情况均可造成不可修复的伤害。

由于高性能的微电子器件被大量应用在航天器系统中，所以单粒子效应的危害十分严重，当它造成航天器控制系统的逻辑混乱时，可能会产生灾难性的后果。

小 记

　　2019年6月26日至7月9日是"玉兔二号"在月背度过的第7个月昼。在这个月昼里，驾驶员研究纠正了"玉兔二号""赖床"的问题，"玉兔二号"在月背的作息时间更加规律。为了确保月面拍摄图片的良好效果，驾驶员们还苦练了摄影技巧。经过这个月昼，驾驶员们对月面遥操作技术理解得更加深入，控制技术也日益精进。

"玉兔"终于按时"起床"了

　　上个月"玉兔二号""赖床"，经过调查研究才发现原来是冤枉它了。根本原因还在于外界环境发生了变化，我们需要给它稍微调整一下"睡觉"的姿势。而这个月昼"玉兔"的唤醒就是验证驾驶员们"预言"的大好时机。

　　2019年6月26日，大家早早地来到飞控大厅，等待"玉兔二号""醒"来。时间很快过了原来计算的时间，"玉兔二号"果然仍在"安睡"，丝毫没有"醒"来的迹象，但有科学精确计算方法的支持，大家也都没有了前几次的焦急，指针一点一点地向驾驶员们预计的时间转动，大家都凝神屏气盯着屏幕。

　　13时26分，"玉兔二号"成功唤醒，比修正后的预估时间早了14分钟，预测准确度提升高达89.9%！

等待"玉兔二号""醒"来的驾驶员们

科普时间

如何在月球背面精准唤醒"玉兔二号"

在连续14天温度可达–190℃的月夜里,"玉兔二号"无法获得能源补给,温度也不适宜工作,于是需要进入"休眠"。

为了确保可靠唤醒,在"休眠"前一天,驾驶员们要分析周围地形,为"玉兔二号"找到合适的"休眠"点。通过选择"休眠"地形,驾驶员可以精确地控制"玉兔二号"车体方位角、俯仰角、滚动角和帆板摆放角度。通过这些设置,唤醒时就可以准确把握太阳对安放在车体内的蓄电池的预热时间,并控制"玉兔二号"在热控要求满足后且–Y侧太阳翼发电量达到规定值时精准唤醒。

当光照唤醒电路启动,"玉兔二号"就会自然"醒",并告诉它的搭档"鹊桥"中继星:我"醒"啦。此时,地面上早已精准掌握"玉兔二号""起床"时间的驾驶员们就要利用"鹊桥"中继星的4.2米天线捕获"玉兔二号"发出的"早安"问候,开始新的月背旅行。

月面上的摄影技巧

我们日常使用的单反相机有自动曝光模式和手动曝光模式,在自动曝光模式下,相机会帮助摄影者自动调整曝光参数,拍出明暗对比合适的照片。

"玉兔二号"携带的导航相机和避障相机是高科技航天产品,不但要能够准确成像还要能经受住月面白天100℃、夜晚-190℃,近300℃变化幅度的极端环境影响,相机须地面人工设置曝光参数。

由于月面没有大气散射,月背上逆光的暗区和顺光的亮区界限明显,且车体的阴影浓郁,这就要求驾驶员要像专业摄影师那样根据不同的光照条件,合理选取相机曝光时长,以达到理想的成像效果。

飞控中心遥操作团队的成员既是首个登陆月球背面的"玉兔车"的驾驶员,还是月球摄影师。没有任何可供参考的现成资料,只能通过一次次尝试积累经验数据。大家都知道这是一项必须熟练掌握的技能,因为拍摄的图片质量对路径规划的正确性至关重要,否则看不清楚的区域可能就隐藏着对"玉兔二号"造成威胁的石块和深坑。

从这个月昼开始,驾驶员们决定专门拿出些时间来练习摄影技术。方法是保持车体航向角不动时,在同一太阳高度角、方位角下选择不同的相机曝光时长进行拍摄,通过积累,建立相机参数选择数据库。每次遇到不同的光照条件就打开数据库,输入此刻的太阳高度角和方位角,系统自动将历史照片和对应的曝光参数呈现出来,驾驶员们就可以根据成像效果选择适合的曝光参数,顺利解决顺光时的高曝光区域和逆光时的暗影问题,描绘出完整地形。

看到这个摄影"神器",驾驶员们开玩笑说:"一器在手,摄影无忧!现在,我们在月面拍摄方面也是半专业的摄影师啦!"

"玉兔二号"导航相机拍摄的不同曝光时长下的图像

小 记

　　2019年7月26日至8月7日是"玉兔二号"在月背度过的第8个月昼。在这个月昼里，"玉兔二号"经历了穿行撞击坑的"科目二"考验，在月午前发现撞击坑中有闪烁神秘光泽的未知物质，并在月昼下午对神秘物质所在的撞击坑进行了尝试性的探索。这个发现让科学家兴奋不已，一场精彩的月背科学探索之旅即将开始。

"科目二"考试

　　月球背面的路并不那么平坦，第8个月昼出发前驾驶员们就面临着一个两难的选择，眼前的撞击坑星罗棋布，是绕着走还是穿过去呢？绕着走的话路上会相对稳妥，但路程远，而且路上成像效果欠佳，很难有把握让"玉兔二号"在本月昼内走到"休眠"点。

"玉兔二号"面临的撞击坑

"玉兔二号"走下山脊

穿过去的话,路线则短许多,但要求"玉兔二号"这一路都要跨大步走,而且面对崎岖的地形,需要"玉兔二号"像考"科目二"曲线行驶一样将撞击坑骑在身下,控制要求极高。到底该如何抉择?经过反复磋商,驾驶员们最终决定从撞击坑中间穿过,让"玉兔二号"挑战一次"科目二"。

驾驶员们从几个撞击坑中间选定了一条小路,沿途压过了几个小型的撞击坑。规划完成后,驾驶员们便将控制指令进行了上注,随后"玉兔二号"一个转身便稳稳地朝着撞击坑的间隙走去,几分钟后移动完成了。

驾驶员迫不及待地看了传回的成像图片,"玉兔二号"精确地停在了撞击坑中间,行走路径上的撞击坑完全处于两条车辙的中间,"科目二"满分!

随后,"玉兔二号"沿着规划的路径一路向西北走去,图像显示,"玉兔二号"是从山脊上走下来的,在一片撞击坑中穿行,"玉兔二号"成功翻越山脊。

"玉兔二号"精准穿行撞击坑

发现彩色神秘物质

2019年7月28日，"玉兔二号"完成了月昼上午最后一步的行走，停在了两个撞击坑中间，并按计划完成了导航相机和全景相机拍照下传工作。20时30分，照片下传后，月昼上午的工作内容都完成了，驾驶员开始检查"玉兔二号"的工况，计划着月昼下午的工作。

就在离"玉兔二号"不远处，一个新撞击坑赫然出现，一开始这个坑并没有引起大家的特别关注，毕竟月球表面到处都是撞击坑。于是，大家继续查看全景相机的图像。

突然，一张全景照片引起了大家的注意，这张照片上显示了那个新撞击坑的内缘，大大小小的月壤块占满了整个屏幕，但在屏幕下方，却有一小堆闪着神秘光泽的胶状物质处于撞击坑的中心，形状、质地都与周围月壤明显不同。

坑中的神秘物质

这个东西到底是什么呢？图片瞬间引起了大家的好奇，在场的人议论纷纷，却没人能给出答案。

兴奋过后，驾驶员们分头开展工作，一方面向型号总师进行汇报，另一方面与科学家团队联系。此时已是深夜，科学家们正在回家的路上，听到驾驶员们的发现后，怀疑地说："大概是石头发的光吧，第一月昼的时候也曾出现过。"但他们还是赶紧联系值班人员确认。1小时后，驾驶员们接到科学家团队的电话回复，言语中的狂喜已经无法掩饰："我的天！那是什么？能不能明天就开始探测！"可是月午已近，大家商议决定先对该神秘物质进行彩色成像，为月昼下午的决策收集资料。

第二天，驾驶员们对撞击坑的神秘物质实施了彩色成像，一堆形态特别、混合了深黑色和白色亮斑状神秘物质处于撞击坑的中央，在阳光的照射下散发着清冷的光芒。在灰茫茫的月壤与碎石之间，这堆物质闪着不同寻常的亮色，乍看白斑点点，细看晶亮之中又反射着彩色的光芒，它到底是什么？从哪里来的？迷人的色彩似乎暗示着它非同寻常的身世……

"玉兔二号"出月午后，就在当前点利用红外成像光谱仪进行了探测，掌握了周边月壤的数据。随后驾驶员控制"玉兔二号"向坑边行进了1.96米，对撞击坑外缘的溅射物进行了红外探测，再控制"玉兔二号"退回原点，用避障相机拍摄行走的车辙，观察车辙压过的溅射物情况，判断碎石的松软程度……为了此次探测，"玉兔二号"第一次在一天里移动了3步，创造了转入月面长期运行以来单日移动次数的新纪录！

2019年8月7日17时49分，"玉兔二号"进入"休眠"模式。月夜期间，驾驶员对探测方案进一步优化，下个月昼"玉兔二号"将带着科学家团队的殷切希望，再次踏上探索神秘物质之路。

2019年8月24日至9月6日是"玉兔二号"在月背度过的第9个月昼。在这个月昼里,"玉兔二号"对撞击坑中发现的神秘物质进行了两次探测,终于取得了让人满意的科学成果。惊心动魄的科学探险之旅让所有人回味无穷。

神秘物质初探

上个月昼"玉兔二号"在月球背面的撞击坑中发现了神秘的胶状物质,这一发现让科学家和驾驶员们都兴奋不已。月夜期间,科学家们持续表达了对该物质探测的强烈需求,并设计了对照试验,选定了三个点要求进行科学探测。

飞控中心遥操作团队马不停蹄地开始进行方案设计,对撞击坑的深度和溅射物分布等都进行了仔细的测量。测量完毕,驾驶员们的脸色顿时凝重了起来,这个撞击坑的深度超过了30厘米,要是"玉兔二号"进去了,极有可能卡住底盘而无法上来,因此进坑探测成为一个必须避开的选项。但是探测物质正好位于坑的正中央,按照科学家们给的坐标,想要使红外成像光谱仪的视场覆盖该物质,"玉兔二号"的前轮肯定要悬空进入坑里。坑边的月壤质地如何?会不会产生滑坡?坑边的溅射物那么多,对于航向会有什么影响?大家的心里都打起了鼓。

驾驶员们经过反复讨论,最终确定了远距离调整航向,然后直线逼近探测的方案。这个方案对于驾驶员的设计能力和控制精度都是严峻的考验。失之毫厘,谬以千里,在远处调整好航向后,谁也无法保证逼近的过程中航向不会产生偏移,万一航向有偏差,或者行走过程中被溅射物改变了航向,那么所有的努力将功亏一篑。

计划排定后，月昼也如期而至。驾驶员首先让"玉兔二号"来到了探测起点，经过对撞击坑的再次探测，科学家重新提供了探测点的坐标，驾驶员经过再次精心计算和精准控制，使"玉兔二号"准确对准了探测点。

　　随后，驾驶员控制"玉兔二号"迈步向着探测坑前进，第一步走了28秒，"玉兔二号"来到前轮距离撞击坑几十厘米的地方，对撞击坑再次进行了探测。然后，"玉兔二号"又往前走，持续了8秒，这已经离撞击坑很近了，但根据探测成像的结果，距离探测物质的区域还有一小段距离。最后，驾驶员又小心翼翼地控制"玉兔二号"向前挪，持续了2秒，车轮的前沿已经抵达撞击坑的边

探测撞击坑

缘了。根据测算，红外成像光谱仪的视场已经覆盖了探测物质的边缘，已经有物质进入了红外成像光谱仪的探测范围。

此时车轮压出的痕迹和推出的土堆都在画面上清晰可见。"玉兔二号"已经到达安全行驶的边界，不能再往前了。驾驶员们完成探测后，控制"玉兔二号"后退到了月午点，月昼的科学探测暂告一段落。

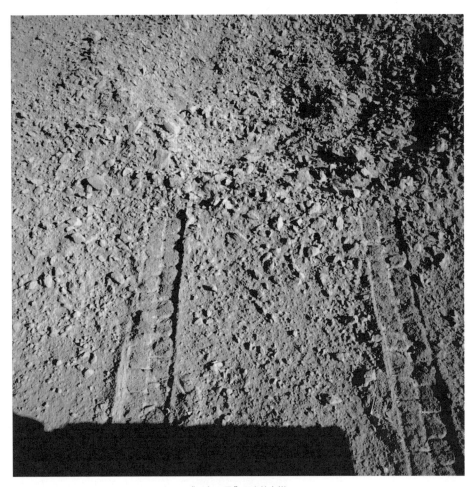

"玉兔二号"压出的车辙

再探神秘物质

月午期间，科学家对上午取得的探测数据进行了分析，大家都翘首以盼，但得出的结论却令人泄气。虽然探测物质已经进入了红外成像光谱仪的视场，但由于物质自身的阴影较多，导致未能分析出物质成分，上午的探测最终铩羽而归。

经过这一番探索，大家多少有些沮丧，费这么大劲，还是没有达到科学家的要求，他们申请下午继续对该物质进行探测。但是此时距离出月午只有两天半的时间，科学家们认为上午的探测将光照和路径情况已经摸得很清楚了，再往前走10厘米应该就能轻松拿到数据了。

但是驾驶员们知道，现实远比想象严峻得多。下午太阳的位置变了，如果原路返回，太阳敏感器将全程失去作用，所以这个方案是不可行的。要想在下午实施探测，必须换个位置和方向重新开始，所有的方案也必须重新设计，而且由于月昼下午需要实施"休眠"，可探测的时间比上午更短，所有的工作必须精简压缩。就剩一个周末，方案必须在半天之内拿出来。测量、设计、定位、投影、复核、准备控制数据……

月午结束后，"玉兔二号"就快马加鞭地开始了下午的探测之旅。按照规划，第一步"玉兔二号"需要转向80°，这是一个已经进行了上百次的平常操作，但这次转向却只实施了很短的时间就结束了。驾驶员们多方查证后发现，在转向指令发出后不久，右前轮的角度超出了限制，因此判断"玉兔二号"的控制系统输入异常，实际只转了2°便中止了。这是"玉兔二号"的一种自我保护机制，防止车轮被小石子钩挂而对运动系统产生损伤，但却让地面上的驾驶员担心了半天。地面重新制订了转向参数进行上注，"玉兔二号"这次一点一点完成了预期的转向，太阳敏感器也显示可见，所有系统一切正常。

解决了转向未到位后，"玉兔二号"来到了探测起点，按照预定的探测计划，"玉兔二号"调整航向后向着探测点再次进发，很快来到了同月昼上午位置差不多的坑边。根据驾驶员的核算，此时"玉兔二号"的车轮距离撞击坑边沿

"玉兔二号"坑边探测车辙成像

还有10厘米左右，但是根据测算，再走10厘米，"玉兔二号"还是无法将红外成像光谱仪的视场覆盖到探测物质，科学家要求再往前走15厘米。但这15厘米，在驾驶员的心中却是一道重要的关口，这样"玉兔二号"的前轮悬空部分就已经探入了撞击坑，车轮受力的位置离坑边很近了，会不会滑坡？

所有人聚集在遥操作大厅，一轮艰难的讨论开始了，最后坚持科学探测的勇敢精神还是占了上风。驾驶员决定控制"玉兔二号"再往前走15厘米，"玉兔二号"的俯仰角变大了，红外视场看得更远了，探测物质已经进入了探测区域，但是从图像上看效果仍不理想。

此时科学家们提出还需要再往前走2～4秒。驾驶员几乎本能地说"不"！按照测算，此时车轮已经探进坑了，再往前走，车轮的中心将压到坑的边缘，

探坑全景相机图像（图中央闪光物质为"神秘物"）

"玉兔二号"探测视场

　　谁也不知道这个坑能不能受力。但已经来到了这里，一个巨大的宝库就在面前，无法取得理想的探测结果恐怕将是所有人的遗憾。

　　飞控中心遥操作大厅里再次出现了激烈的讨论，科学家们力陈此次探测的重要意义，驾驶员们则不停地测算这样实施的结果。时间一分一秒地过去了，太阳高度角越来越低，已经到了需要寻找"休眠"点的时候了，月面上的阴影也越来越长，再等下去将错失探测良机。

　　中科院空间中心的主任也给测控通信系统总指挥打来电话，表明想探测坑底神秘物质的强烈愿望。总指挥答复："在确保'玉兔'安全的情况下，我们一定要帮助科学家拿到需要的数据，这也是'玉兔'探索月背奥秘的使命！"

　　驾驶员们在经过反复计算确认后决定再移动一次！于是再次用了3秒向前移动，遥测数据表明，俯仰角和滚动角都在朝着有利于探测的方向变化，控制实施得很精准，担心的滑坡没有出现。驾驶员们立即组织感知成像和探测下传，探测的结果出来了，在红外成像光谱仪的视场中有一块探测物质，探测结果终于满足了科学家们的要求。

"世之奇伟、瑰怪，非常之观，常在于险远，而人之所罕至焉。"这个月昼，"玉兔二号"看似凌乱繁复的步伐为月球背面的荒凉增添了诸多人气和亮色，为人们讲述着人类的探索故事。

科普时间

首份月幔源物质初步证据

人类数十年来的探月工程揭示，月球表层即月壳以斜长石矿物为主，月壳覆盖着的月幔则可能富含镁铁质，然而多年来科学家一直难以探明月幔的详细结构。

国际顶级学术期刊《自然》发表了一篇来自中国科学家的成果：中国的"嫦娥四号"月球探测器在月球背面的冯·卡门撞击坑着陆，并部署了"玉兔二号"月球车对南极艾特肯盆地进行探测，科学家利用可视的近红外成像光谱仪（VINS）的光谱初始观测结果推断出，月球表面存在的低钙辉石和橄榄石矿物可能起源于月球地幔。这也是人类首份发现月球背面月幔源物质的初步证据。

和太阳系中很多行星类似，月球被认为经历了岩浆海洋阶段。在这个阶段，月球大部分或完全处于熔融状态。有关月球早期演化的理论认为，月壳是由岩浆海洋中较轻的斜长石组上浮结晶形成，而如橄榄石矿物、低钙辉石等较重的矿物下沉形成月幔。然而，这一关于月幔组成的推论至今没有被完全证实。因此，探测南极艾特肯盆地一直是科学家们所期待的。

研究人员对"嫦娥四号"获取的高质量光谱数据分析研究后发现，光谱数据和典型的月球表面物质的光谱数据存在差异。这也就意味着，着陆点附近检测到的这些物质与从月球表面采集到的大多数样品明显不同。特别是这些材料含有镁铁质成分，主要是橄榄石和低钙辉石的混合物，高钙辉石的含量则极低。

研究人员据此推断，月球表面存在的低钙辉石和橄榄石矿物可能来自月球的上地幔。研究结果还证实了月幔富含橄榄石的推论的正确性，这对于确定月幔的组成具有重要的意义。从更广泛的意义上说，"嫦娥四号"的发现可能也会影响我们对月球内部形成和演化的理解。

遥望月球上的"泰山"

2019年9月22日20时30分,"玉兔二号"再一次从"休眠"中准时"醒"来。

这个月昼"玉兔二号"将在月球背面迎来中华人民共和国成立70周年的重要日子,驾驶员们为了满足它的"思乡之情",决定在即将进入月午的时候让"玉兔二号"远远地望着"泰山"按下相机快门,将这个难忘的时刻永远定格。

"泰山"位于着陆点西北方向约46千米的冯·卡门撞击坑的中央峰,"海拔"高度为-4305米,与冯·卡门坑相对高度约1565米。"泰山"是我国首次获得"山"类月球地理实体名称的自主命名,也是1985年至今,国际天文联合会首次批准命名的"山"类月球地理实体名称。

"玉兔二号"还对周边环境进行了大范围的成像勘察,为"嫦娥四号"、上个月昼探测的撞击坑和走过的车辙一起拍了一张全景图,这幅照片里包含了我们的起点、阶段性成果和努力前进的过程。

"玉兔二号"在月面生活了10个多月,已经不知不觉走了290米,这是"玉兔二号"月背征途中最壮观的一幅照片,也是飞控中心献给新中国70周年华诞的一份厚礼。

"玉兔二号"拍摄的"泰山"照片

科普时间

月球上中国命名的地理实体

　　为表彰中国探测器代表全人类第一次到达月背这一历史性事件，2019年2月15日，中国国家航天局、科学院和国际天文学联合会联合发布了着陆点附近5个月球地理实体的命名：泰山、织女、河鼓、天津和天河基地。

　　除了"泰山"，在着陆点附近还有3个中国命名的环形撞击坑："织女"（直径3.8千米）、"河鼓"（直径2.2千米）、"天津"（直径3.9千米）。这3个名字都来自我国古代二十八星宿。

泰山

织女

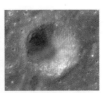

天津

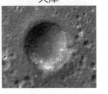

河鼓

"泰山""织女""河鼓""天津"和天河基地示意图

"玉兔二号" 月海勘察全景图像

小 记

2019年10月22日至12月3日是“玉兔二号”在月背度过的第11个和第12个月昼。在这两个月昼里，“玉兔二号”在月背“走钢丝”穿坑、实现“双300”、超越苏联“月球车1号”月面工作321天的工作纪录，成为人类在月面工作时间最长的月球车。“玉兔二号”厚积薄发，在月面取得了一个又一个重大突破。

月背“走钢丝”

2019年10月22日中午11时45分，“玉兔二号”又一次承受住了-190℃的低温考验，成功被唤醒。新一轮的探险开始啦！

在反复规划好路径的基础上，驾驶员谨慎地让“玉兔二号”低头看看脚下的路况，结果让大家吃了一惊——三面都是坑。面对如此“坑兔”的地形，要从中找到一条突围的路径相当困难，特别是起步后的两个小型撞击坑的深度都达到了6厘米以上，如果不小心在这里被陷住，会导致车体滚动倾斜，严重影响“玉兔二号”的安全。

除了地面崎岖造成的困难，还有太阳位置的影响，此时太阳位于“玉兔二号”以东偏北方向，由于阴影限制，所以“玉兔二号”必须从西北侧的两个小型撞击坑附近寻找突破口，只能从两个撞击坑中间穿过。经测量，两坑之间的距离为0.9米左右，而“玉兔二号”的左右车轮间距为1米，路比车轮间距还要窄，从中间穿过去就像走钢丝一样，两边车轮会各有一部分在坑里。

驾驶员们使用月面“虚拟规划”技术对行驶路线进行反复演算，在确保每个步骤都万无一失以后发出指令：前进！

10月23日上午10时47分，遥测显示“玉兔二号”已经移动完毕，驾驶员们

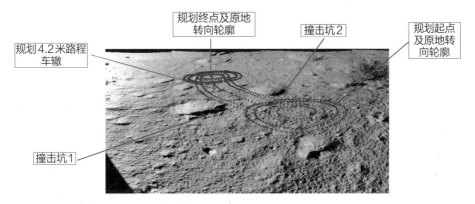

规划终点及原地转向轮廓

撞击坑2

规划起点及原地转向轮廓

规划4.2米路程车辙

撞击坑1

"玉兔二号"在撞击坑边缘"走钢丝"

赶紧进行了感知成像，图像显示"玉兔二号"已经安全穿越了两坑之间的狭窄区域，行驶4.2米，平稳到达目标点！

通过图像可以看到，右车轮稍微压过坑沿，与规划投影的结果保持一致。

不知不觉，"玉兔二号"已经上岗11个月了，2019年10月25日9时58分，"玉兔二号"累计行驶305.95米，首次突破300米。5天后，"玉兔二号"的月面工作时间又突破了300天，在月球背面实现了"双300"的突破！

第12个月昼上午"玉兔二号"3次移动路径车辙

突破322天的世界纪录

有人会问，在人类探索月球的历史上，在月面工作最久的月球车是哪一辆呢？驾驶员们认真地查了资料，在"玉兔二号"登陆月背之前，这一纪录由苏联的"月球车1号"保持着，它在月面工作了321天，而在第12个月昼，"玉兔二号"将迎来打破这一纪录的时刻。

2019年11月21日0时51分，随着第一帧遥测的接收，"玉兔二号"进入了月面工作第12个月昼。当天上午10时26分，"玉兔二号"迎来了具有历史

"玉兔二号"工作突破322天时的遥操作厅

意义的一刻——在月球背面累计工作满322天，超越了苏联"月球车1号"321天的工作纪录，成为人类在月面工作时间最长的月球车，也是目前月面上唯一一辆在工作的月球车！

科普时间

"月球车1号"

苏联"月球车1号"于1970年11月17日搭载苏联"月球17号"探测器飞至月球，并着陆于月球正面雨海地区，成为世界上第一辆成功运行的遥控月球车。它在月面进行了10个半月的巡视移动，累计运行321天，拍摄照片2万余张，直到所携带的核能耗尽后于1971年10月4日停止工作。

"月球车1号"是人类第一次对另一个星球上的人造机器进行远程控制，为人类探索月球积累了丰富的第一手资料，成为人类探月史上的不朽传奇。后面随着美俄探月计划的中止，"月球车1号"在月面工作321天的纪录49年来无人超越。

"鹊桥"的月夜时光

除了在月球上的"嫦娥四号"和"玉兔二号",别忘了我们还有一个在Halo轨道运行着的"鹊桥"中继星。在"嫦娥四号"和"玉兔二号""休眠"后,每个月昼一刻不停地远远守望着它们的"鹊桥"中继星终于也有了自己和飞控团队"独处"的时光,"熬夜"工作的日程早已被安排得满满当当。

"鹊桥"中继星不光要完成地球与月背的通信任务,它的身上还搭载了三大"法宝":双分辨率相机、激光角反射镜和中荷低频射电探测仪。

第一大"法宝"——双分辨率相机。它不仅为我们带来了多张绝美的地月合影,而且还自带闪光点检测模式,可以检测太空中的闪光点,例如陨石撞击月面时的微弱闪光也能被它捕捉到,这真是让"鹊桥"有了一双发现美的"眼睛"。

双分辨率相机拍摄的地月合影

第二大"法宝"——激光角反射镜。它的任务是完成人类首次超越地月距离的高精度激光测距试验,为我国研究引力波的宏伟工程提供数据。每次试验前,驾驶员们都会精确计算中继星轨道,向激光发射站提供高精度引导数据,然后控制"鹊桥"中继星精确地指向地面激光发射站,在天地协同配合下,捕捉地面发送的经过中继星激光角反射镜反射的激光信号,完成试验工作。目前,中继星已成功捕捉到了来自地面的闪光。

第三大"法宝"——中荷低频射电探测仪。它是中国与荷兰科学家共同研发的科研设备,任务是在低频频段对宇宙开展探测活动。要想开展低频探测,就必须有大尺寸的天线,中继星上就带有3根5米长的大天线,此前一直处于收拢状态,现在要展开了。但是由于天线展开机构暴露在卫星表面,受光照影响而使温度变化剧烈,因此在发射1年半后能否顺利展开这3根"触手",还是一个很大的未知数。

为此,中荷科学家设计了天线展开方案,首先调整卫星姿态使天线展开机构可以被阳光照射,提升温度;在温度达到正常工作范围后,飞控中心发送指令,先分别让3根天线展开0.5米,地面确认展开正常后再将天线全部展开。一边忙于"舒展身体",一边任务也不能耽误,在天线展开过程中同步进行科学探测工作,获得在不同天线长度下的宝贵探测数据。

2019年11月16日,这3根天线终于全部顺利展开,监视相机记录下了"鹊桥""伸懒腰"的全部过程。从此以后,"鹊桥"多了这3根天线的助力就可以一边探索更多宇宙奥秘,一边继续为月面上的"嫦娥四号"和"玉兔二号"保驾护航,做好它们和地球之间联系的桥梁。

中继星天线展开前(左图)、展开中(中图)、展开后(右图)照片

"南征北战"

　　在第12个月昼，科学家们对"玉兔二号"行驶路径南侧约50米处的一个大型撞击坑（C5）产生了浓厚的兴趣，认为该撞击坑旁边存在反射率较高的溅射物，极具探测价值，并将探索的强烈愿望传达给飞控中心。

　　然而之前规划的行驶方向是"北上"，目标是西北方位的玄武岩区域，"南下"与整体规划背道而驰。为了适应光照条件和功率平衡，原来的行驶策略是

目标探测坑C5在第12个月昼行驶路线图上的标注

月昼上午往西北方向，长距离向南"远征"，此外，月午前拍摄的全景和导航图像中南面地形均过度曝光，无法看清实际地形，在这50多米的长途跋涉中，谁也不清楚会出现什么样的复杂地形，一旦走入"死胡同"将无法抽身。

虽然前途未卜，但经过反复慎重的研究，驾驶员们决定按照科学家团队的要求向南进发。在月昼下午，驾驶员们控制"玉兔二号"对目标撞击坑方向进行了感知补拍，确认近处地形之后，向南走了两步到达"休眠"点，在"休眠"点对目标撞击坑进行了彩色全景成像。

从环拍的全景图像来看，待探测的撞击坑显得神秘而深邃，静静地躺在那里，像是诉说着亿万年来月球的变迁。在它的旁边散布着诸多碎石块，究竟这些石块是天外来客还是月球内部被撞击出来的地下物质，现在还不得而知。驾驶员们给它起了个名字叫作"深渊"。

"玉兔二号""休眠"前的全景环拍图像

月夜，驾驶员们对"深渊"周边地形做了全景相机的感知成像，随后对得到的图片进行了地形分析。

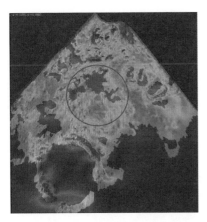

全景DOM图和环境代价图叠加结果（红色标记为"深渊"撞击坑）

　　驾驶员们发现"深渊"附近分布着一个等高线密集的复杂地形，且从当前位置起步就面临着4个坑的封锁。

C2：直径约11.3米　坑深约0.97米　C6：直径约2.8米　坑深约0.35米
C7：直径约1.8米　坑深约0.21米　C8：直径约3.48米　坑深约0.32米

"玉兔二号"导航相机拼接图标注

　　向南走可谓险象丛生，当时也无法明确到最后能否成行，驾驶员决定先走走试试，决定初步从西侧向南方绕行。

初会小石块

2019年12月21日,"玉兔二号"唤醒后的第二天,驾驶员们让"玉兔二号"首先利用全景相机对目标石块进行了彩色成像。

"玉兔二号"唤醒后用全景相机对石块进行彩色成像

眼前的路看上去一马平川,似乎可以一个大跨步直线移动到石块附近,但敏锐的驾驶员们回忆起上一个月昼的图像,印象里"休眠"时选择的当前点附近存在一块石块,为了保险起见还是看一下当前位置脚下的路况。这一看便吓了一跳,那块尖锐的石块正好就在脚底下,直线移动的话肯定"正中要害"。幸好只需要稍稍调整一个小曲率,就能顺利来到石块北侧附近约1.794米的安全位置。

这个目标石块由于尺寸太小,直径只有约0.25米、高约0.06米,用红外视场探测难度较高,而且周边地形过于复杂,难以靠近,但即使如此,也没有吓

规划路径在导航全景图上的投影

倒技术娴熟的驾驶员们。悉心推演之下，驾驶员们制订了一套周密的移动策略。

第一招：先用导航相机单张成像；

第二招：定位、计算航向与前进距离；

第三招：红外视场投影复核；

最后：行动。

按照这套策略，驾驶员们控制"玉兔二号"车体调整航向，移动约0.2米。

但是通过对比红外视场投影发现，红外视场勉强覆盖到了石块边缘，仍需要继续向前微调。不仅如此，驾驶员们发现，太阳翼遮挡造成大面积阴影，并随着太阳高度角和方位角变化，阴影还将继续笼罩石块，在阴

"玉兔二号"移动前红外视场在避障相机图像上的投影

"玉兔二号"再次移动后红外视场在避障相机图像上的投影

影中无法判断红外视场是否能覆盖到石块，也无法进行科学探测分析。但驾驶员们也没有别的办法，只能试一下。随即进行了第二次移动，很遗憾，石块完全淹没在阴影之下。这次探测没有获取想要的数据，未能让"玉兔二号"得见石块的全貌。

次日"玉兔二号"就要午休，大家只好护送"玉兔二号"到达安全位置，并决定月昼下午再探究竟。

再会小石块

12月30日一出月午，驾驶员们早就迫不及待地再次出击了。策略不变，但驾驶员们精益求精，对起始航向进行了反复测算。第一步移动12秒到位后，红外视场中显示了石块边缘，接着驱动6秒进行微调。此时视场已经覆盖在石块上，但还有一半落在月壤上。

偏差已经精确到毫米，行动必须慎之又慎。驾驶员们控制"玉兔二号"微调2°航向，驱动1秒移动约0.023米。这次视场已经覆盖在石块上，可驾驶员们仔细观察后发现，视场中心也就是可进行红外光谱分析的区域，恰好一半落于石块下部、一半落于月壤，需要对探测再次进行微调。

"玉兔二号"第二步移动后红外视场在避障相机图像上的投影

由于偏差很小，这次微调必须慎重细致，确保红外视场全部覆盖石块。驾驶员们控制"玉兔二号"微调2°航向，使视场向石块中心偏移，然后移动约0.023米，生怕移动距离过远而导致视场超越石块。然而最终结果显示，虽然视场已经靠近石块中心位置，但红外光谱分析区依然处于石块底部，视场小部分落在了月壤上，探测取得了部分成功。

虽然已经满足探测要求，但精益求精的驾驶员们却并不满意，然而时间已经不知不觉又到了午夜。

三会小石块

虽然两次行动都没有完全成功，但大家依然不肯放弃。时间来到了31日，随着太阳高度角的不断下降，离"休眠"的时刻越来越近，留给探测的时间只剩这一天了。驾驶员们调整了以往的保守策略，第一步直接移动了0.416米直达昨日探测点。随后大家对"虚拟规划"技术进行了精确校准，并对-166°和-169°航向的探测效果做了模拟演示，显示还要继续向前。

模拟-166°（蓝黄）和-169°（紫）航向红外视场在避障相机图像上的投影

经过与科学家们的商议，最终驾驶员们调整了探测策略。探测结果下传之时，驾驶员们一起围观投影结果——红外视场靶心完美落于石块之上，视场中没有月壤部分！

"玉兔二号""休眠"前拍摄的全景相机图像中，那些深深的车辙见证了这次一波三折的会面，似在叙述一个工程师和科学家联手探索的故事，而这个难得的石块也终于向科学家们"敞开心扉"。

三会石块后，"玉兔二号"来到了"深渊"撞击坑附近探测。驾驶员们发

"玉兔二号"最终移动后红外视场在避障相机图像上的投影

现周边地形太复杂，"玉兔二号"最终"望坑兴叹"。"玉兔二号"拍了"深渊"的近距离全景照片，也算不虚此行。随后"玉兔"转身，毅然告别南侧的深坑，继续新的探索征程。

"深渊"撞击坑全景成像图

"玉兔二号"1周岁了

2019年1月3日，"玉兔二号"正式从"嫦娥四号"的背上驶下，踏上月面，迄今已经整整1年了。

在这1年时间里，"玉兔二号"经历了"两器互拍"的成功喜悦，经历了石块探测的步步惊心，经历了探测神秘物质的冒险之旅，经历了"三坑连穿"的惊险旅程，从一只"贪睡"的"调皮兔"成长为如今月面工作时间最长的探路者，揭开了月面诸多秘密，成为人类探索月背的先驱。

就在"玉兔二号"生日前后，在中央广播电视总台新闻新媒体中心主办的第二届"你好新时代——中国永远在这儿"融媒体作品大赛上，飞控中心遥操作总师还成为现场唯一的场外连线专家，为全国的观众介绍了"玉兔二号"目前的状态。

"玉兔二号"的设计总师还专门写了一首词为"玉兔二号"送上所有航天人的祝福：

应天长·"玉兔二号"周岁

天河岸边琉璃雨，石火电光红霭舞。流年逝，尽成土，熠熠霞珠留几处？鹊桥牵，神箭护，玉兔嫦娥飞渡。周岁停车一顾，记住回家路。

在38万千米外的月背之上，"玉兔二号"和驾驶员们初心不忘、脚步未歇，继续探寻月球的秘密，只争朝夕，不负韶华，为人类做出更多、更大的贡献！

小　记

　　2020年2月17日至3月1日是"玉兔二号"在月背度过的第15个月昼。由于地形复杂，这个月昼"玉兔二号"决定放弃探索"深渊"撞击坑。在对月面地形的分析过程中，"玉兔二号"发现了行驶路径上巨大的撞击坑，再一次面对生死抉择。

战略大转移

　　2020年2月17日17时55分，"玉兔二号"再次"醒"来，开始了第15个月昼的工作。

　　父母之爱子，则为之计深远。驾驶员们对"玉兔二号"更是如此，要看清远方的月面态势，为它做出长远打算。在走好每一步的同时，驾驶员们心里一直有一个隐忧，那就是在月面看得见的撞击坑下还隐藏着年代久远的退化的巨大撞击坑。

　　通过高清月面影像图，导航员们发现"玉兔二号"位于直径16米和直径9米的两个大坑中间，大部分人建议绕过16米撞击坑后一路向西（下页上图中黄色虚线），因为看上去一马平川，有人甚至已经开始在图上规划起了后续的路径。

　　此时飞控中心遥操作总师却指着影像图中当前点西侧远处的位置说："这片区域左侧磨砂幽暗，右侧光亮锃白，这是什么？这是典型的撞击坑特征！"听到他的论断，大家吃了一惊，纷纷打开影像图来看。

　　果然，在态势图的左侧有一个"隐蔽"的大坑被等高线勾勒了出来（下页下图中红圈），这是一个超大型退化撞击坑，由于年代久远，坑沿已经变得难以

高清月面影像图（黄色线为玉兔行驶路径）

辨认，内部也被大大小小的陨石撞得千疮百孔，可谓险象环生。而且大撞击坑的东北侧还密密麻麻地分布着诸多小型撞击坑，"玉兔二号"走到这里将被多个撞击坑封锁（下图中黄圈），群坑环绕，这是个进去就是出不来的"死胡同"！

行驶策略必须由"南征"改为"北战"，进行战略大转移。驾驶员们决定先绕过西北侧的小型撞击坑，后续几个月昼持续向北行进，绕过那个超大型撞击坑后一路向西（下图中黄色虚线）。

叠加等高线的月面影像图（红色圆圈为超大型退化撞击坑）

按照惯例，月昼上午"玉兔二号"要向西北方向行走，然而在月面影像图上，驾驶员们发现西北侧有一个撞击坑，这个坑在月夜获得的全景地形图上却没有看到，只是在相应的位置缺了一块，看上去黑洞洞的，仿佛坍塌的悬崖，让人望而生畏。驾驶员们在全景相机拍的原始图像上隐约看到了这个撞击坑，但这个方向的光线太强，看不清楚，因此驾驶员们决定先让"玉兔二号"向前移动一步，走近后重新拍摄确认一下地形。

移动完成后，驾驶员们很快拿到了重新感知的导航相机图像，然而此时太阳的高度角比较低，而且位于"玉兔二号"成像方向的后侧，新拍的图像上西北方向被强烈的直射光线和自身的阴影所占据，驾驶员们依然无法看清这片区域的具体地形。

远处模糊的撞击坑

如果不看清坑的全貌，就无法探知坑的边界，我们的规划就缺少完备的验证。考虑再三，驾驶员们决定等第二天太阳高度角高一点、方位角偏一点时，再对西北区域进行全景成像，这次终于看到了坑的真面目。

照片显示的地形让人触目惊心：那里有一个直径约20米的大型撞击坑，周围遍布着坑坑洼洼的小型撞击坑和溅射石块。幸好没有让"玉兔二号"继续往西北走，否则一旦出现滑移而落入坑里，后果不堪设想。必须绕过这个撞击坑！

"玉兔二号"避开撞击坑继续前行

于是，驾驶员们决定控制"玉兔二号"走上绕坑之旅，在绕过西侧山脊后再向西行进，最终目标是到达距离着陆点约1.8千米处的"玄武岩"。那里的地质与此处不同，"玉兔二号"将在那里探究月背的奥秘。

月面"凌波微步"

  在新的月昼到来之前,趁着"玉兔二号"还在"休眠",飞控中心的驾驶员们早早就开始了对周边地形的全面分析。虽然上个月昼大家精挑细选了一个相对合适的"休眠"点,但是该地区的等高线仍然是密密麻麻,脚踩高耸山脊,路上坑石遍布,而前路也越走越窄。

  如果无视障碍直接走过去,遍地的碎石坑洼可能会危害"玉兔二号"的安全;在两侧找个中间点转身走折线,两边又都是下坡,往哪个方向走都有滑坡风险。正当大家愁眉不展的时候,巡视器总师在前方的坑和碎石之间画了一条线:"来,咱们从中间'飘'过

第一步路径的"虚拟规划"示意图

去！"一个飘逸的"S"形走位，完美避开了最危险的撞击坑和大部分碎石，仿佛乾坤大挪移般轻松掠过了路上最危险的路段。

虽说设计精妙，但在山脊上行走就必须落实到精准的控制上。看着监控页面上"玉兔二号"行走轨迹与预示曲线完美贴合，驾驶员们迫不及待地在到位后控制"玉兔二号"环拍，一条光滑流畅的"S"形车辙轨迹赫然展现在大家眼前，完美避开了两侧的撞击坑和碎石。

"玉兔二号"移动到位后车辙痕迹

精准"休眠"，受控唤醒

2020 年 4 月 24 日是我国第五个航天日，"玉兔二号"尚在"午休"，但是驾驶员们却无暇过节，反而在自己的节日里迎来了有史以来最严峻的挑战——测控资源调整，一个重要的深空测控站因为检修而暂时无法使用。少了一个主力测控站资源，一不小心地面就容易与"玉兔二号"失联。原本已经被驾驶员们摸索出的"休眠"和唤醒规律需要重新调整，要求"玉兔二号"唤醒时的太阳高度角误差必须控制在 1.7° 的范围内。

细微误差就会让"玉兔二号"陷于"醒"来无测控站跟踪的风险之中，因此要在坑洼不平的月背找到这样坡度完美的理想"床铺"。有了之前矫正"玉兔二号""赖床"的经验，驾驶员们很快开始了计算分析工作。

先是对以往 16 个月昼的"休眠"姿态和唤醒太阳高度角做了统计分析，将 1.7° 的太阳高度角误差换算成更精确的滚动姿态偏差，明确控制目标；再用基于感知图像的"休眠"区进行计算，为"玉兔二号"算出了合适的"休眠"区域和移动路线。不仅如此，"玉兔二号"还找到了合适的位置，既能够眺望感知西北线的复杂地形区，还能够对附近的撞击坑溅射物进行科学探测，更可以完美地满足"休眠"和唤醒要求，一举三得。

移动到位后，"玉兔二号"转到了"休眠"航向，让唤醒时间完美地处于测控弧段内，有了安稳的"休眠"区后，"玉兔二号"愉快地转身回望来时的路，定格了这张完美的照片，带着美好的祝福送给地球的亲人们。

当前"休眠"点西北侧是一个新生的撞击坑，驾驶员们在撞击坑里再次发现了胶状物质。整个坑自北向南拖曳着长长的溅射物。

看着这个黝黑深邃的伤疤，驾驶员们仿佛看到了若干年前月球上出现的一场璀璨夺目的流星雨，它们给月背本就坑洼不平的表面点缀了无数绽放的花朵，向后人诉说着那一段沧海桑田的历史。

2020 年 4 月 26 日，驾驶员们控制"玉兔二号"对这个撞击坑进行了俯身拍摄，并对溅射物进行了红外探测和中性原子探测，获取的科研数据将进一步揭开月球神秘的面纱。

"玉兔二号"回望车辙

新撞击坑远景图

新撞击坑近景图

小 记

2020年6月15日至6月27日是"玉兔二号"在月背度过的第19个月昼。在这个月昼,"玉兔二号"对神秘物质和周边溅射物进行了科学探测,其过程紧张、精彩,科学家团队收获满满。

再次揭秘神秘物质

6月15日0时54分,"玉兔二号"再次从"休眠"中自主唤醒,开始第19个月昼的科学探测工作。

月夜期间,科学家们向驾驶员们表达了希望去撞击坑进行探测的愿望,并在图像上标注出了想要探测的区域。驾驶员们对光照情况、车体阴影、通信链路等情况进行了反复演算和复核,决定在这个月昼实施对胶状物质的探测。

将要实施探测的神秘区域

第一天"醒"来后,"玉兔二号"便来到了预定的探测起点,然而考虑到能源的限制,朝向探测坑的航向此时无法实现功率平衡,第一天并不能实施瞄准。于是,第二天一早,驾驶员们控制"玉兔二号"转向撞击坑成像,成像后利用"虚拟规划"和视场投影技术对将要移动的路径和移动后的红外探测视场进行了模拟。

模拟结果显示,由于地形影响,预期探测视场相对探测目标略偏左,于是

期望探测区域

　　驾驶员们控制"玉兔二号"向右侧偏7°后，再次进行"虚拟规划"和视场投影。

　　"虚拟规划"仿真结果表明，这次移动后的探测能够对准探测目标。于是驾驶员们控制"玉兔二号"向前移动了70.4厘米，来到坑边实施探测，探测完毕后将数据回传。探测结果显示，此次探测视场离目标已经很近了，理论上再做微调应该就能完成探测工作，但是驾驶员们从回传的图像上发现，由于太阳高度角较低，且坑内地形较为复杂，导致撞击坑内遍布阴影，即使当天再做微调，探测结果恐怕也无法令人满意，于是驾驶员们与科学家们协商后决定当天先撤退，待第二天再进行探测。

　　第二天一早，驾驶员们便与科学家们一同确定了移动方案，这次比上次多移动4秒，下传结果显示这次探测基本覆盖了目标，但不凑巧的是由于地形原因，视场中间依然存在一片阴影区域。科学家们提出需要再前进一步微调视场，驾驶员们却十分担心，由于太阳方位角变化，现在画面右下角存在一大片车体

第一次探测视场

阴影，导致右前轮与撞击坑边缘的位置关系并不明确，谁也不知道现在离坑边有多远。更重要的是，目前这片阴影已经距离红外视场很近了，随着太阳方位角变化，这片阴影还将进一步向红外视场的位置移动，一旦红外视场被阴影覆盖，那么这个上午的探测将无法实施。

驾驶员们需要与时间赛跑，争分夺秒地确认右前轮与坑边的距离，最终与科学家们明确了前进1秒的微调方案。数据回传后，大家都出了一身冷汗，阴影几乎已经伸到了红外视场的边缘！驾驶员们在阴影的威胁下，控制这次探测取得了圆满的结果。

探测完成后，驾驶员们便控制"玉兔二号"来到了月午点。本以为月昼下午可以舒舒服服地向西北移动一步至"休眠"点，但月午期间科学家们又发来了新的探测需求，他们希望"玉兔二号"能够对探测坑西侧的溅射物进行探测。接到需求后，驾驶员们第一时间明确了探测方案，与科学家们达成了共识。出

科学家希望探测的溅射物（白圈内）

月午后，驾驶员们便控制"玉兔二号"开始实施探测。

第一步要转到探测航向，驾驶员们像往常一样发送指令后便盯着遥测等转向到位。然而意外出现了，"玉兔二号"的制导导航与控制系统判断左前轮超限，只转了5°便退出了转向模式，停在了原地。先前在第9月昼的科学探测期间也出现了这个情况，驾驶员们紧急检查"玉兔二号"工况，确认一切正常，对"玉兔二号"的车轮进行回零控制后也未发现异常。

驾驶员们决定实施第二次转向控制，这次转向顺利，探测完成，科学家们如愿取得了足够的探测数据来进一步揭开撞击坑和探测物质的神秘面纱。

月面上的"搓板路"

第20个月昼开始前,驾驶员们通过月面高清态势图发现"玉兔二号"已经来到复杂障碍区的边缘。因为第19个月昼最后一次成像距离依然较远且逆光,导致成像照片的有效显示区域更小了,无法看清前方障碍区域的具体情况。

虽然看不清,但驾驶员们经过测量可以确认,"玉兔二号"距离前方的障碍区有20多米,这个长度按照月昼上午移动3步来计算,月午之前"玉兔二号"就会进入障碍区。从图上看,障碍区域光影交错,难以确认其中是否存在适合过月午的位置。但迟疑无益,唯有向前。

虽然还没到达复杂障碍区,但是路面已经变得越来越崎岖。为了不影响"玉兔二号""午休",驾驶员们每一步移动后都利用导航相机对地形进行充分感知,在生成的地形产品上多次规划,每一个移动终点都按照月午"休眠"点的条件进行选取,尽量保证"玉兔二号"每次停下来都可以"午休"。

驾驶员们控制着"玉兔二号"在撞击坑和石块的缝隙中穿行,每一步都如履薄冰,小心翼翼地到达每一个落脚点。前两步驾驶员控制着"玉兔二号"连续两次实施了"S"形漂移,这才在蜿蜒曲折的"羊肠小道"上找到了出路。一步向北,两步向西,经过3步移动后"玉兔二号"终于在月午前到达了原来担心的障碍区域。遥测显示，所选定的区域完全符合月午姿态要求，"玉兔二号"终于在崎岖的山坳中觅得一处小憩之地。

"玉兔二号""午休"之后，下一个问题又摆在了驾驶员面前。随着月昼下午"鹊桥"中继星的高度角越来越低，很可能"玉兔二号"只能再往前移动一步。这一步能否走出障碍区域并找到"休眠"点呢？大家为找出一条既能通过障碍区，又能安全到达"休眠"点的两全之路而不断忙碌着。策划方案，推倒再重做，如此反复多次，终于在沟壑纵横的地形中找出一条符合所有要求的路线，让"玉兔二号"短暂休息之后又活力满满地开启新的旅程。这一步移动到位后，遥测信息显示移动过程控制精准，与路径规划结果一致，终点也符合"休眠"要求。大家终于松了一口气。

这个月昼，"玉兔二号"迈着大步向前奔跑，4步走了27.6米，目前总里程已经达到了490.9米，距离500米还有一步之遥。

突破500米，工作600天

500米，也就是中国传统长度单位的1里。上个月昼"玉兔二号"的行驶里程定格在了490.9米，没能在上一次"休眠"前实现"里"的突破。这个月昼唤醒之后，"玉兔二号"移动一步，行驶里程就达到了498.7米，大家仿佛在观看赛点争夺一样亢奋了起来，摩拳擦掌地准备见证这一历史时刻。

突破纪录近在咫尺，然而想要成功却不容易，"玉兔二号"需要在几个小坑之间闪展腾挪。驾驶员们经过反复测算，终于选定了一条道路，让"玉兔二号"从几个小坑中间突出重围。

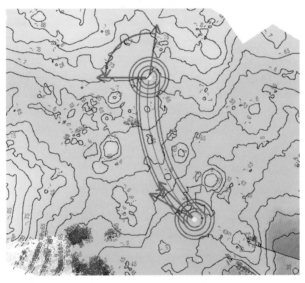

"玉兔二号"突破500米的路径规划

测算完毕后，驾驶员们将策略生成参数上注至"玉兔二号"，随后屏住呼吸盯着监视显示屏见证这一历史性的时刻，此刻23秒一帧的遥测也显得尤为漫长。大家心里默数着3、2、1，终于移动的遥测下传成功，这次移动了7米，"玉兔二号"的移动距离累计达到505.756米，成功跨进了500米大关，在月球背面实现了"里"程的突破。

这1里路的突破是过往21个月积累和坚守的见证。移动结束后，驾驶员们

"玉兔二号"行驶路径投影

操控"玉兔二号"回头一望，拍下了一张全景图。也许大家看不出来每张月面行驶路径照片的差别，但对驾驶员来说，每张照片都存储了他们太多的回忆。

2020年8月25日是我国传统的七夕节，传说中牛郎和织女在这天会踩着喜鹊搭成的"鹊桥"，跨过天河相会。传说中的"鹊桥"我们不曾见过，但是真正的太空"鹊桥"却一直与"玉兔二号"相伴。

"鹊桥"中继星是2018年5月21日发射升空的，截至2020年七夕节这天，它已经围绕地－月L2点运行了827天。它在一个"我爱你"的日子离开地球，如今又守护"玉兔二号"共度七夕节。

"休眠"的时间越来越近了，工作时长也一分一秒逼近600天。驾驶员们早早地来到机房，守候着准备"休眠"的"玉兔二号"。一切都在有条不紊地进行中，设置、下卸、确认。

遥操作大厅的LED屏幕上的时间终于从599天跳到了600天，此时"玉兔二号"正在收拢太阳翼，仿佛在向天上的中继星挥手致谢，若是"玉兔二号"可以说话，此刻一定在说："鹊桥，谢谢你的守护，今夜七夕有你陪伴，晚安，我们下个月见！"

关键一步

2020年9月11日11时54分，"玉兔二号"从月夜"休眠"中"醒"来，进入第22个月昼工作期。

"玉兔二号"西边是一个直径7.4米的撞击坑，西北侧则是一个多年退化的大型撞击坑，为了绕过这部分地形复杂的区域，"玉兔二号"在驾驶员的控制下大步流星地连走3步向西北挺进，来到了月午位置小憩。

"玉兔二号"月午前感知的图像却让驾驶员压力倍增，按照月面大尺度地形分析图，后续"玉兔二号"应该穿过这个区域，继续向西北方向行驶（如下图中白色虚线所示），然而西边的大型退化撞击坑依然将西侧道路封得死死的，而在当前点北侧，以一个直径约9.15米的撞击坑为主的一部分阴影密布、地形复杂的三角形区域赫然在目，里面的撞击坑犬牙交错，堪称月背的"百慕大三角"，如何穿过这片区域并找到"休眠"点，成了驾驶员们的难题。

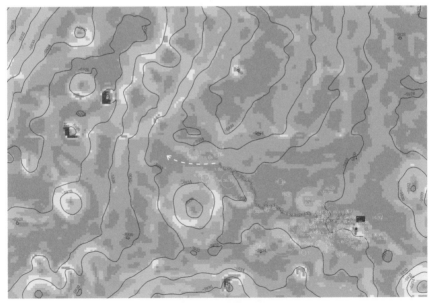

月面大尺度地形分析图

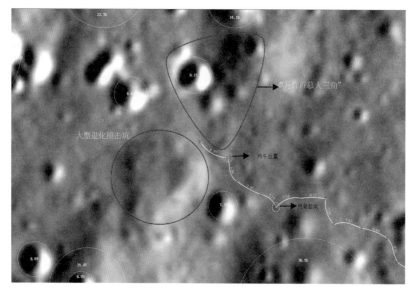

"玉兔二号"月面移动路径规划示意图

　　起初，驾驶员们规划了两条穿行线路。第一条路是从右侧平坦区域绕行，待绕行至地形合适的区域再穿过这个"百慕大三角"。这条路线很快就被驾驶员们否定了。"百慕大三角"中是否有适合穿行的区域不得而知，但这条路线既冒险又绕远，没必要这样选。于是从左边绕行成了唯一的选择，紧接着驾驶员们根据等高线地形和"休眠"区域设计了一条"折线"绕行的路径，看起来避开了所有的撞击坑，似乎一切完美。

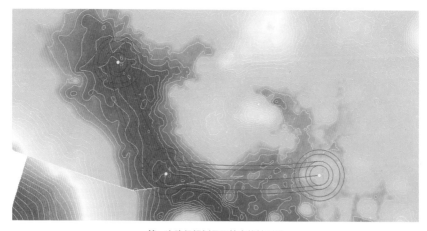

第一次路径规划月面等高线地形图

然而巡视器型号总师在看到这条路线后却皱起了眉头。他指着上个站点的投影说："这个折线转弯的位置距离图中的撞击坑太近了，极有可能产生转向偏差，转弯后的路左右都是撞击坑，稍有差池可就进坑了啊！"思忖良久，他指着西北侧的凹陷说："这次我们大胆一点，从这个坑里穿行，如何？"

坑深25厘米
直径2米
未涉及

坑深5厘米
直径50厘米
涉及5厘米

坑深8厘米
直径50厘米
未涉及

第一次路径规划"折线"路径投影

　　所有人都大吃一惊，以往"玉兔二号"都是绕着撞击坑行走，这次要一步从坑中穿行过去，这是前所未有的操作。驾驶员们按照总师的要求设计了一条路线。这是一条长8.57米的"长征"，在这条路线上，坑虽然不大，但下坡和上坡都在7°左右，没法在坡上停留，且后半段上坡的位置要经过深约10厘米的小

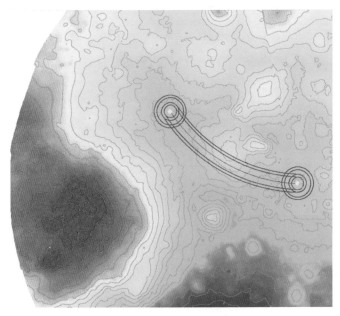

第二次路径规划月面等高线地形图

坑，"玉兔二号"能否一口气冲上陡坡？车轮会不会在上坡的过程中卡住停滞不前？大家都为"玉兔二号"捏一把汗。

第二次路径规划"折线"路径投影

驾驶员们的意见出现分歧，有人主张原地"休眠"，不应冒险前行，一旦出现问题应急处置的时间恐怕不够；也有人觉得不应该守在原地静待"休眠"。一时间众说纷纭。此时，测控系统总指挥鼓励驾驶员们说："首先，向西北方向行驶的大方针是没错的；其次，大家已经研究讨论得很充分了，这是后续唯一的路径，这条路早晚是要走的；最后，经过我们这些月昼对月壤特性的认知和驾驶经验，我认为'玉兔二号'是能够克服这个障碍，站上前面这个高地的。我建议要大胆地走，无限风光在险峰。"

听了总指挥的话，驾驶员们备受鼓舞，也更加坚定了信心。他们与相关单位的专家商讨确定了移动的方案。讨论中驾驶员们发现，由于前进路线存在较大坡度，并且在上坡的过程中车轮陷入几个撞击坑，可能出现全向接收天线被桅杆遮挡的情况。因此，驾驶员们再次进行了详细论证，最终决定采用第一月昼"休眠"前的策略，移动前将桅杆收拢，保证全向天线的链路正常，移动后再将桅杆竖起。

一切准备工作都已就绪，整个移动计划开始实施，飞控大厅里安静得仿佛能听见大家的心跳声。

"摆轮到位！""原地转向！""移动开始！""移动到位！"

几分钟焦急的等待之后，移动的轨迹出现在驾驶员的屏幕上，实际移动的曲线与预示完美贴合，且终点姿态满足"休眠"要求。

巡视器型号总师长舒了一口气："这是'玉兔二号'22个月昼里走过的最惊险的一步！"

站在高岗上，"玉兔二号"回望了走过的痕迹，崎岖的月背之路上，一条清晰的车辙彰显着人类探索的脚步，一个个撞击坑洞都被"玉兔二号"碾过。

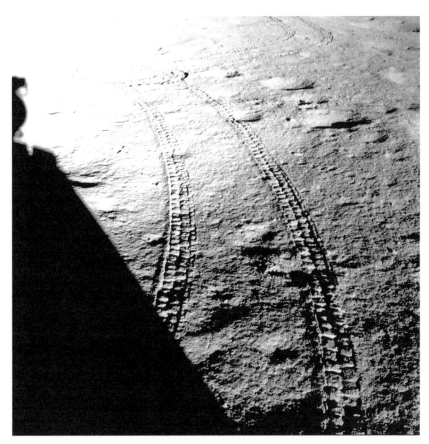

"玉兔二号"走过"关键一步"回望车辙

一波三折遇"龙潭"

上个月昼驾驶员们经过缜密计算,大胆决策,最终控制"玉兔二号"碾过深坑,登上高岗,来到安全的"休眠"点。

站在高岗上的"玉兔二号""一览众山小","休眠"前"玉兔二号"对周边地形进行了感知。驾驶员们发现,"玉兔二号"北侧有一个全新的"景点"——直径约9米的大型撞击坑,坑缘西北位置还有一个"介绍牌"——直径30厘米的石块,彰显着这个撞击坑的不同寻常之处。

这个前所未见的地形引起了驾驶员们的注意,大家饶有兴趣地猜测着撞击坑的成因,最终将解谜目标锁定在这颗突兀的石头上,决定走近它,去读取其背后隐藏的故事。

驾驶员们利用"玉兔二号"的"休眠"时间,对获取的图像进行了缜密分析。"玉兔二号"距离石块20多米,最少要移动3步才能接近,可见的近处虽然没有太多深坑,但坑边的地形并不可知,只能从月面趋势图上看到一片崎岖之地。大家心里都有些不安,为此最终决定在确保"玉兔二号"安全的前提下慢慢地向撞击坑西侧绕行,逼近石块。

"玉兔二号"唤醒后,经过两步的移动,在驾驶员们的控制下对撞击坑进行了彩色成像。

图像中幽深的撞击坑底，石块密布，隆起的坑沿在外侧形成了天然的屏障，周边散落的石块如巨石阵一样。此前，科学家们为"玉兔二号"在第三月昼探测的石块命名为"奇缘"，这次驾驶员们为这个深坑命名为"龙潭"。自古奇景多险境，"龙潭"也不虚此名。果不其然，预定目标的探测路线上石块和深坑特别多，且目标区域坡度高达12°，如果继续行驶则"玉兔二号"的安全将难以保障，无奈只能舍弃那块石块，退而求其次，继续向西北移动，待月午后对撞击坑西南侧的小石块进行探测。

移动前预估红外视场在导航相机图像上的投影　　　实际探测后红外视场在避障相机图像上的投影

月午时，驾驶员们在环拍获得的地形产品上取得了目标石块的坐标，据此计算出"玉兔二号"应该转到的位置和偏航角，确认路线安全后就可以按照设计路线对石块进行探测，并对撞击坑近距离成像了。"玉兔二号"驾驶员们经过前面20多个月昼的探测与规划，现在对这一系列流程可谓轻车熟路，移动一步便抵达了预定探测位置。经过测算，目标石块完美进入红外成像光谱仪的探测视场。

此次探测中，"玉兔二号"不仅再次获取了月球背面新生的撞击坑溅射物蕴藏的密码，而且第一次使用导航相机将一个大型撞击坑的完整地形记录了下来。此外，驾驶员们还第一次使用3D软件制图，让"龙潭"的全景得以立体地呈现在大家面前。未来的日子里，"玉兔二号"将在月背之路上一往无前，为人类科学探索乘风破浪、披荆斩棘。

"龙潭"撞击坑全景图

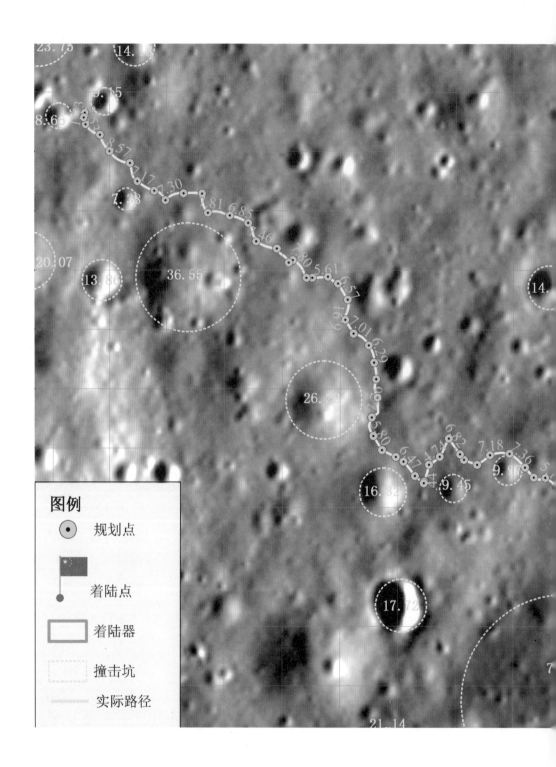

图例

● 规划点

🚩 着陆点

▭ 着陆器

⸬ 撞击坑

━ 实际路径

"玉兔二号"前23月昼行驶路线图

尾 声

习总书记指出：月球探测的每一个大胆设想、每一次成功实施，都是人类认识和利用星球能力的充分展示。

回首中国探测器登陆月球背面的探险之旅，让人心潮澎湃，感慨万千。面对月之暗面这一人类"禁区"，中华民族展现出了"敢为天下先"的魄力和勇气，开创性地以中继通信解决月背通信链路盲区，迈出了人类探测器登陆月背的第一步。我们一同经历了地月转移中的惊心动魄，分享了"两器互拍"的成功喜悦，见证了"奇石"探测的步步惊心，走过了神秘物质探测的冒险之旅……而"玉兔二号"也从月背"新客"，成长为如今月面工作时间最长的"劳模"，协助我们揭示了月面的诸多秘密，成为人类探索月背的先驱。

中国的"嫦娥四号"任务也同样获得了国际众多关注和认可。

2019年11月，英国皇家航空学会2019年度颁奖典礼在英国伦敦举行，"嫦娥四号"任务团队获得本年度全球唯一的团队金奖，也是英国皇家航空学会成立153年来首次向中国项目颁发的奖项。

获奖奖章

2019年12月，在东京开幕的第三届国际月球村研讨会上，"中国'嫦娥四号'探月任务"获得月球村协会颁发的"优秀探月任务奖"，成为该奖项的首批获奖项目。

2020年6月，由中国宇航学会推荐，国际宇航联合会经过两轮投票表决，最终"嫦娥四号"工程团队获得国际宇航联合会2020年度"世界航天奖"。这也是该国际组织成立70年来首次把最高奖授予中国航天科学家。

后续深空探测任务

我国未来深空探测任务将重点开展月球永久阴影区探测、小行星采样返回探测、火星采样返回探测、木星系及行星际穿越探测、太阳系边际探测等一系列深空探测活动。随着上述任务的实施，将开拓我国深空探测的深度和广度，获取重大原创性科学发现，加快实现我国的航天强国建设。

月球永久阴影区探测

月球极区的永久阴影区富含水冰，具有极高的探测价值。我国的月球永久阴影区探测任务将实施3次极区探测，"嫦娥六号"完成极区采样返回、"嫦娥七号"完成极区环境与资源勘察、"嫦娥八号"建成科研站基本型。月球永久阴影区探测任务将为我国最终建立月球科研站奠定良好的基础。

小行星采样返回探测

小行星探测任务体现了多样性和独特性，任务结果关系到宇宙的起源演化、物质结构、生命起源等重大基础性前沿科学问题，已经成为深空探测的热点。我国的小行星采样返回探测任务将采用一次任务，实现3年小行星采样返回、10年主带彗星绕飞探测。

火星采样返回探测

火星采样返回探测任务的目标是在2030年前实施火星土壤和岩石的无人采样，并将样品返回地球开展科学研究。将采用两次发射的方式，分别发射不同子任务的两个探测器，其中一个完成火星捕获、样品转移收纳与返回，另一个完成火星大气进入、下降与着陆、火星表面上升以及样品投送。

木星系及行星际穿越探测

木星系及行星际穿越探测任务的目标是实现木星、木卫四的环绕探测和行星际穿越探测，为深化对木星系和行星际的相关科学研究提供科学探测数据。木星系及行星际探测将通过一次任务，完成木星、木卫四的环绕探测并到达天王星。

太阳系边际探测

太阳系边际探测任务的目标是飞行到距离太阳约150亿千米的日球层边界，开展对物质结构、宇宙演化、生命起源等重大科学问题的探测与研究。太阳系边际探测任务将同期发射两颗探测器，飞向两个方向，开展日球层双向多目标飞跃探测。

后 记

从萌生结集成书的念头，到书的初稿完成，我们用去了近两年的时间。在这两年时间里，我们目送"长征五号B"运载火箭首飞成功，护送新一代载人飞船试验船安全返回；引领"天问一号"探测器飞离地球轨道，赶赴"火星之约"；紧锣密鼓地进行空间站建造阶段飞控任务的准备工作。在托举"国之重器"的同时，我们心里始终挂念着这本《月背征途》，这既是中国航天的光辉征途，也是飞控人的心路历程。

探月工程历次飞控任务的圆满成功，是各个参试单位密切配合、团结协作的结果。发射场托举运载火箭将探测器准确送入预定轨道，地面测控网、"远望号"测量船和VLBI测轨分系统完成了精确的跟踪测量，北京航天飞行控制中心飞控团队和遥操作团队与探测器系统专家、科学家团队密切配合，一次次完成了精准的轨道控制和月面高难度巡视探测，一次次在紧急情况下化险为夷、转危为安。

我们难以忘记"嫦娥一号"首次被月球捕获成功之时，"两弹一星"元勋孙家栋院士在飞控大厅现场流下的激动泪水；难以忘记"龙江二号"抢救成功时哈尔滨工业大学师生们的热烈鼓掌和拥抱；难以忘记中国首次实现月球正面软着陆时大厅内雷鸣般的掌声和欢呼声；难以忘记在人民大会堂金色大厅习总书记接见全体"嫦娥四号"参试人员时发出的"为人类和平利用太空、推动构建人类命运共同体贡献更多中国智慧、中国方案、中国力量"的伟大号召！

我们有幸赶上了祖国航天事业飞速发展的新时代，我们是这段历史的直接参与者和见证者，我们有责任把这一段历史记录下来。正是这样的使命感激励着大家不停地敲击着键盘，度过一个个挑灯奋战的不眠之夜。一段段激动人心的历史时刻，一个个时而紧张眉头紧锁、时而开怀放声大笑的面孔从我们的记忆深处闪现出来。

编写科普书对我们这些写了几十年技术方案的"理工生"来说真是一个不小的挑战，在完成书的整体架构设计，第一次收集书稿素材后，我们发现写出来的内容更像是技术笔记。但这并没有让我们气馁，大家坐在一起相互启发，从零开始学习科普写作，用尽量简单质朴的语言让读者们了解那些宏大而惊险的航天任务背后有趣的故事，大家凭借对航天的执着与热爱，最终完成了书稿的创作。

在书稿编写过程中，国家航天局探月与航天工程中心、中国空间技术研究院、上海航天技术研究院、中国科学院国家天文台、教育部深空探测联合研究中心(重庆大学)、我们的太空融媒体矩阵等单位提供了热情的帮助。初稿完成后，许多领导和专家第一时间进行了审读和把关，大家都把这本书当成了自己的"孩子"，字斟句酌，倾注了很多的关爱。更为重要的是，他们的肯定与鼓励，让主创人员在写作遇到瓶颈时，能够坚持下去，不断精益求精。

在本书付梓之际，"嫦娥五号"已经踏上了月球采样返回的征程，中国的航天事业在不断快速发展，不断创造新的奇迹，期待日后我们会带给读者们更多的新视野、新体验。

月背本没有路，我们来了，便走出了属于自己的路！谨以此书献给所有为中国探月工程做出无私奉献的科技工作者！

本书主编：李剑

《月背征途》编写组名单

主　　编：李　剑

创作顾问：陈怀国　席露华　张智慧　郑永春

主创人员：韩绍金　祁登峰　宋星光　马传令　张　宽　刘晓慧　王　镓

月面摄影：王　镓　赵　瑞　韩绍金　何锡明　刘晓慧

参与编写：于天一　马鹏德　牛东文　王永亮　王　航　王　磊　可荣硕

　　　　　邓德民　刘少然　刘传凯　刘建刚　刘　勇　刘俊琦　余世水

　　　　　李立春　李达飞　邹乔方　李贵良　李革非　李晓宇　李晓明

　　　　　邹雪梅　张　辉　李潇帆　汪赛进　金文马　陈莉丹　陈　翔

　　　　　郝大功　姜　萍　赵凤才　荣志飞　赵焕洲　高宇辉　郭　晶

　　　　　崔云飞　梁立波　梁伟光　程　肖　游　祎　谢剑锋　彭德云

　　　　　鲍　硕（按姓氏笔画排序）

227

探月工程大事记

1991年　我国航天专家提出开展月球探测工程。

1998年　中华人民共和国国防科学技术工业委员会正式开始规划论证月球探测工程，并开展了先期的科技攻关。

2000年　11月，国务院新闻办公室发表了《中国的航天》白皮书，其中"开展以月球探测为主的深空探测的预先研究"被列入近期发展的目标。

2003年　4月，国家航天局宣布正式启动月球探测工程的预先研究。

2004年　1月23日，国务院批准绕月探测工程立项。

2月25日，绕月探测工程领导小组第一次会议召开，会议通过《绕月探测工程研制总要求》，同时将工程命名为"嫦娥工程"。

2005年　12月29日，绕月探测工程领导小组召开第三次会议，审议并通过了工程转入正样研制阶段。

2006年　5月29日—6月2日，测控系统利用欧洲航天局SMART-1卫星开展USB与VLBI综合测轨试验。

2007年　10月24日，"嫦娥一号"在西昌卫星发射中心发射成功。

10月31日，"嫦娥一号"卫星发动机点火，进入地月转移轨道，顺利与月球交会。

11月5日，"嫦娥一号"成功被月球引力捕获。

11月7日，"嫦娥一号"卫星准确进入月球轨道。

11月26日9时40分许，来自"嫦娥一号"的一段语音和《歌唱祖国》歌曲从月球轨道传回。中国首次月球探测工程的第一幅月面图像通过新华社发布。

2008年　1月31日，中华人民共和国国防科学技术工业委员会正式发布首幅由"嫦娥一号"卫星拍摄的月球极区图像。

2月，国务院批准探月工程二期立项。

11月12日，由"嫦娥一号"拍摄数据制作完成的中国第一幅全月球影像图公布，这是当时世界上已公布的月球影像图中最完整的一幅。

2009年　3月1日16时13分许，在飞控中心的精确控制下，"嫦娥一号"卫星落入东经52.36°、南纬1.50°的月表区域，实现"受控撞月"。

2010年　1月11日，绕月探测工程获得国家科技进步奖特等奖。

10月1日18时59分57秒，"长征三号丙"运载火箭在我国西昌卫星发射中心点火发射，把"嫦娥二号"卫星成功送入太空。

10月2日，"嫦娥二号"卫星成功实施首次地月转移轨道中途修正。由于此次轨道修正效果良好，原计划于10月3日、5日进行的轨道修正动作相继取消。

10月6日，"嫦娥二号"卫星成功实施第一次近月制动，顺利进入周期约12小时的椭圆形环月轨道，成为第二颗中国制造的环月卫星。

10月8日，"嫦娥二号"卫星成功实施第二次近月制动，进入周期约3.5小时的椭圆形环月轨道。

10月9日，"嫦娥二号"卫星成功实施第三次近月制动，进入轨道高度为100千米的圆形环月工作轨道。

10月26日，"嫦娥二号"卫星成功降轨，进入远地点100千米、近地点15千米的轨道，为在月球虹湾区拍摄图像做好了准备。

10月29日，"嫦娥二号"卫星圆满完成对月球虹湾区的成像任务。卫星通过实施升轨控制，近月点返回100千米。

10月30日，对卫星实施轨道维持，使其返回100千米×100千米的环月工作轨道。

12月20日，中共中央、国务院、中央军委在人民大会堂召开庆祝探月工程"嫦娥二号"任务圆满成功大会。

2011年　6月9日，"嫦娥二号"受控飞离月球，奔向距地球150万千米远的日－地拉格朗日L2点。

8月25日23时27分，经过77天飞行，"嫦娥二号"在世界上首次实现从月球轨道出发，受控准确进入日－地拉格朗日L2点的环绕轨道，标志着3项拓展试验圆满成功。我国成为世界上继欧洲航天局和美国之后第3个造访L2点的国家（组织）。

2012年　2月6日，国家国防科技工业局发布了"嫦娥二号"月球获得的7米分辨率全月球影像图。

12月13日，飞离日－地拉格朗日L2点约200天的"嫦娥二号"卫星，在距地球约700万千米远的深空与图塔蒂斯小行星交会，并获取小行星高清晰图像。

2013年   1月18日,"嫦娥二号工程"获得国家科学技术进步奖特等奖。

7月14日,已成为我国首个人造太阳系小行星的"嫦娥二号"卫星与地球相距超过5000万千米。

12月2日,"嫦娥三号"在西昌卫星发射中心成功发射。

12月6日,"嫦娥三号"抵达月球轨道,开展探月工程中的第二阶段"落"。

12月14日,"嫦娥三号"带着中国的第一辆月球车——"玉兔一号"成功软着陆于月球雨海西北部(虹湾着陆区)。

2014年   10月24日2时0分,我国自行研制的探月工程三期再入返回飞行试验器在西昌卫星发射中心用"长征三号丙"运载火箭发射升空,准确进入近地点高度209千米、远地点高度41.3万千米的地月转移轨道。

11月1日6时42分,探月工程三期再入返回飞行试验任务返回飞行器精确再入,安全着陆,成功回收,取得圆满成功。

2015年   探月工程三期再入返回飞行器服务舱已完成环绕地月系统第二拉格朗日点(简称地-月L2点)的拓展试验任务,于2015年1月4日23时实施逃逸机动,飞离地-月L2点,计划1月中旬飞回月球轨道继续为"嫦娥五号"任务开展在轨验证试验。

探月工程三期再入返回飞行器服务舱于9月2日完成对"嫦娥五号"预定采样区遥感成像飞行任务,获取了该区域地形地貌信息,为"嫦娥五号"任务月面软着陆和采样区域的选择提供了依据。

2016年   截至12月14日,"嫦娥三号"已在月面顺利工作3年,创造了当时人类探测器月面最长工作时间的纪录。

2017年   1月9日,中共中央、国务院在北京隆重举行2016年度国家科学技术奖励大会。"嫦娥三号工程"荣获国家科学技术进步奖一等奖。

2018年   5月21日5时28分，我国在西昌卫星发射中心用"长征四号丙"运载火箭成功将探月工程"嫦娥四号"任务"鹊桥"中继星发射升空。

5月25日21时46分，探月工程"嫦娥四号"任务"鹊桥"中继星成功实施近月制动，进入月球至地－月拉格朗日L2点的转移轨道。

6月14日11时6分，探月工程"嫦娥四号"任务"鹊桥"中继星成功实施轨道捕获控制，进入环绕距月球约6.5万千米的地－月拉格朗日L2点的Halo使命轨道，成为世界首颗运行在地－月L2点Halo轨道的卫星。

12月8日2时23分，中国在西昌卫星发射中心用"长征三号乙"改二型运载火箭成功发射"嫦娥四号"，开启了月球探测的新征程。

2019年   1月3日10时26分，在反推发动机和着陆缓冲机构的"保驾护航"下，一吨多重的"嫦娥四号"成功着陆在月球背面南极艾特肯盆地冯·卡门撞击坑的预选着陆区（东经177.6°、南纬45.5°附近）。

1月3日15时7分，工作人员在飞控中心通过"鹊桥"中继星向"嫦娥四号"发送指令，"两器分离"开始。22时22分，"玉兔二号"到达月面，着陆器与巡视器各自开始就位探测与巡视探测。

1月11日16时47分，"嫦娥四号""两器互拍"顺利完成，地面接收图像清晰完好，中外科学载荷工作正常，探测数据有效下传，搭载科学实验项目顺利开展，达到工程既定目标，标志着"嫦娥四号"任务圆满成功。至此，中国探月工程取得"五战五捷"。

2月20日，党和国家领导人在北京人民大会堂会见探月工程"嫦娥四号"任务参研参试人员代表。

5月16日，中国科学院国家天文台宣布，利用"嫦娥四号"探测数据证明了月球背面南极艾特肯盆地存在以橄榄石和低钙辉石为主的深部物质，国际学术期刊《自然》在线发布了这一重大发现。

11月25日，"嫦娥四号"任务团队获得英国皇家航空学会2019年度团队金奖。11月26日，"嫦娥四号"在月球背面的工作时长已超过300天，远超设计寿命；"玉兔二号"行驶里程也已超过300米，实现了"双300"的突破。

2020年　　6月，"嫦娥四号"任务团队优秀代表，首获国际宇航联合会颁发的世界航天最高奖，并被美国航天基金会授予2020年度航天唯一金奖。

11月24日4时30分，在中国文昌航天发射场，"长征五号遥五"运载火箭成功发射探月工程"嫦娥五号"，开启我国首次地外天体采样之旅。

图书在版编目（CIP）数据

月背征途：中国探月国家队记录人类首次登陆月球背面全过程 / 北京航天飞行控制中心著 . — 北京 : 北京科学技术出版社 , 2021.1（2023.8 重印）

ISBN 978-7-5714-1220-3

Ⅰ . ①月… Ⅱ . ①北… Ⅲ . ①月球探索—中国—青少年读物 Ⅳ . ① V1-49

中国版本图书馆 CIP 数据核字 (2020) 第 222654 号

策划编辑：联合天际

责任编辑：张　艳

营销编辑：钟建雄

封面设计：吾然设计工作室

美术编辑：程　阁

出 版 人：曾庆宇

出版发行：北京科学技术出版社

社　　址：北京西直门南大街 16 号

邮政编码：100035

电　　话：0086-10-66135495（总编室）0086-10-66113227（发行部）

网　　址：www.bkydw.cn

印　　刷：北京雅图新世纪印刷科技有限公司

开　　本：710mm × 1000mm　1/16

字　　数：220 千字

印　　张：15.5

版　　次：2021 年 1 月第 1 版

印　　次：2023 年 8 月第 9 次印刷

ISBN 978-7-5714-1220-3

定　　价：88.00 元